"十三五"国家重点出版物出版规划项目
材料科学研究与工程技术系列图书

电子显微分析实验指导

Electron Microscopic Analysis Experiment Book

● 魏大庆　主 编
● 邹永纯　杜 青　副主编

哈爾濱工業大學出版社

内 容 简 介

本书涵盖了电子显微镜分析的各个实验内容，包括扫描电子显微镜（能谱和电子背散射衍射附件）、电子探针、聚焦离子束、透射电子显微镜（原位表征方法）等内容。全书共5章、22个实验，着重描述了各个设备的原理、应用案例和实验操作过程等。第1章介绍扫描电子显微镜和电子探针的结构、原理及操作；第2章介绍扫描电子显微镜附属设备结构、原理及操作；第3章介绍聚焦离子束系统结构、工作原理及应用操作；第4章介绍透射电子显微镜结构、原理及基本应用操作；第5章介绍透射电子显微镜附属设备结构、原理及操作。

本书可作为高等院校相关专业的电子显微分析课程的实验指导书，也可供科研部门及生产单位从事分析检测方面工作的技术人员参考使用，亦可为材料、化工、能源等领域的微观结构分析测试表征技术提供参考。

图书在版编目(CIP)数据

电子显微分析实验指导/魏大庆主编. —哈尔滨：哈尔滨工业大学出版社，2021.7

ISBN 978－7－5603－9130－4

Ⅰ.①电… Ⅱ.①魏… Ⅲ.①电子显微镜分析－实验－高等学校－教学参考资料 Ⅳ.①O657.99－33

中国版本图书馆CIP数据核字(2020)第209728号

策划编辑 许雅莹
责任编辑 王会丽 庞亭亭
封面设计 高永利
出版发行 哈尔滨工业大学出版社
社 址 哈尔滨市南岗区复华四道街10号 邮编 150006
传 真 0451－86414749
网 址 http://hitpress.hit.edu.cn
印 刷 哈尔滨市颉升高印刷有限公司
开 本 787mm×1092mm 1/16 印张 9.5 字数 208千字
版 次 2021年7月第1版 2021年7月第1次印刷
书 号 ISBN 978－7－5603－9130－4
定 价 24.00元

前　言

现代科学技术的迅速发展，要求有各种性能的材料为之服务。电子显微分析技术包括透射电子显微术、扫描电子显微术、电子探针及各种微区微量成分分析方法，能以比普通仪器更高的放大倍率和分辨能力，提供有关材料微观结构、晶体缺陷、断口形貌及成分分布等信息。因此，电子显微分析技术已成为材料研究与生产中不可缺少的工具，是材料科学与工程学院、化学工程学院等的一门重要课程。本书着重介绍各种电子显微分析仪器的结构、性能、实验操作方法，并说明这些方法在材料微观组织结构和相成分分析中的应用，使学生理解各种电子显微分析方法的基本概念和原理，熟悉仪器结构，掌握样品制备方法及实验参数的选择方法，同时学会对各种电子显微镜图像及信息进行识别、计算和分析。

本书由哈尔滨工业大学分析测试中心电镜室魏大庆任主编，邹永纯、杜青任副主编，郭舒、陈伟、来忠红、张宝友等参加编写。全书分为5章，共涉及22个实验内容，魏大庆编写第1章中实验一、实验二、实验三、实验四，第2章中实验二、实验三、实验四，第4章中实验二、实验三、实验四、实验六；邹永纯编写第2章中实验一，第3章中实验一、实验二、实验三；杜青编写第5章中实验一、实验三、实验四；郭舒编写第5章中实验二；陈伟编写第4章中实验一；来忠红编写第4章中实验五；张宝友编写第1章中实验五。全书由魏大庆统稿。

本书内容全面，涵盖了电子显微镜分析的各个实验内容；介绍了当前最新的电子显微镜分析操作，是编者多年以来的经验总结。本书可作为高等院校有关专业电子显微分析课程的实验指导书，也可供科研部门及生产单位有关人员参考使用。

由于编者水平有限，书中难免存在疏漏和不足，希望读者不吝赐教。

编　者

2021年3月

目　录

第1章　扫描电子显微镜和电子探针的结构、原理及操作

实验一　扫描电子显微镜的基本结构与工作原理介绍

一、实验目的

(1)了解扫描电子显微镜的基本原理。

(2)了解扫描电子显微镜的基本结构与组成。

二、扫描电子显微镜的基本结构与工作原理

1. 概述

扫描电子显微镜(Scanning Electron Microscope,SEM)是介于透射电子显微镜和光学显微镜之间的一种微观形貌观察仪器,可直接对样品表面材料的物质性能进行微观成像。扫描电子显微镜具有如下优点:

①具有较高的放大倍数,20～600 000倍之间连续可调;

②景深大,视野广,成像富有立体感,可直接观察各种样品凹凸不平表面的细微结构;

③样品制备简单。

目前的扫描电子显微镜一般都配有X射线能谱仪装置,可以同时进行显微组织形貌的观察和微区成分分析,因此它是当今十分有用的科学研究仪器。

2. 基本结构与工作原理

扫描电子显微镜主要由电子枪、电磁透镜、扫描系统、样品室等组成,其结构图及组成如图1.1和图1.2所示。

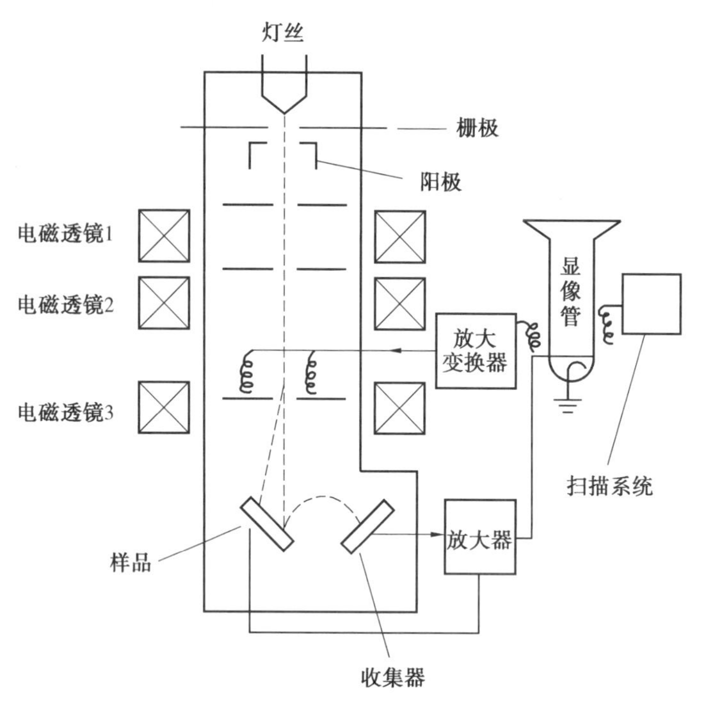

图 1.1 扫描电子显微镜结构图

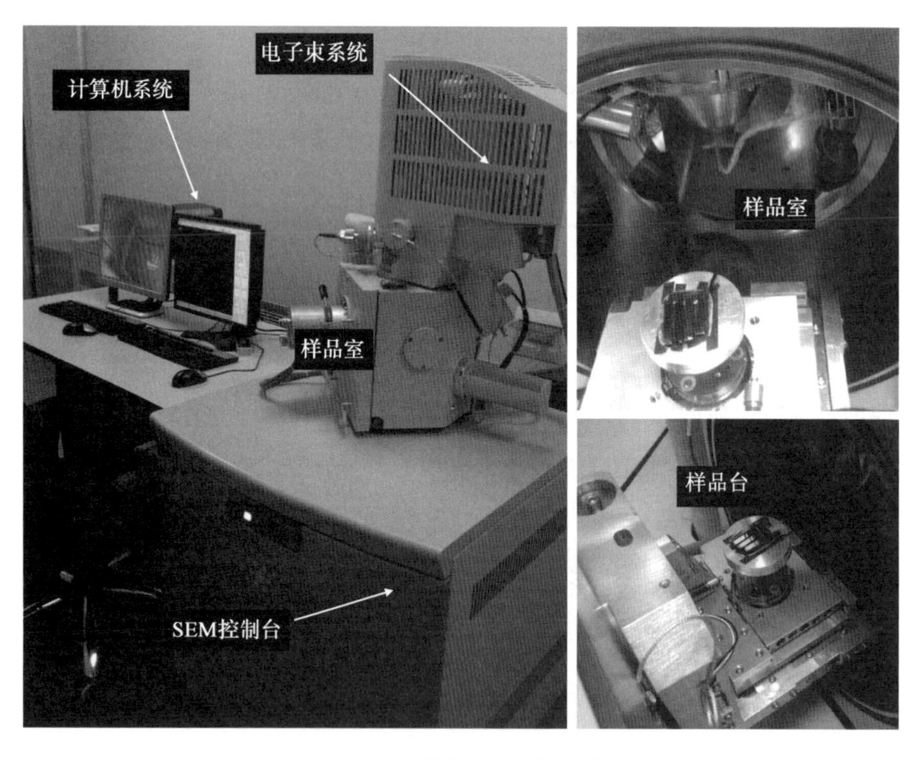

图 1.2 扫描电子显微镜组成

(1)电子枪。

电子枪可作为稳定的电子源，产生电子束。扫描电子显微镜一般使用钨灯丝阴极电子枪，它是用直径约为0.1 mm的钨丝制成的，将钨丝弯成发叉形，形成半径约为0.1 mm的V形尖端即可制成电子枪。当电流通过钨灯丝时，钨灯丝被加热，达到工作温度后便发射电子，由于阴极和阳极间加有高压，因此这些电子向阳极加速运动，形成电子束。扫描电子显微镜电子束在高压电场作用下，加速通过阳极轴心孔进入电磁透镜系统。电子枪的必要特性是高亮度和小的电子能量散布，目前常用的种类有钨灯丝电子枪、六硼化镧(LaB_6)电子枪和场发射电子枪三种。不同种类的电子枪在电子源大小、电流量、电流稳定度及电子源寿命等方面均有差异，以钨灯丝电子枪和场发射电子枪为例，它们既有相同点，又有差异之处。

钨灯丝电子枪和场发射电子枪的相同点如下。

它们都是电子枪(即发射电子的装置)；它们都有阴极和阳极，阴极都是发射点源，阴极和阳极之间有直流高压电场存在，高压一般可调，用于控制电子的发射速度(能量)；它们发射的电流强度很小(微安级别和纳安级别)，为防止气体电离造成大电流击穿高压电源，都需要高真空环境；它们的阴极都属于耗材系列。

钨灯丝电子枪和场发射电子枪的差异和优劣如下。

①发射点源差异及优劣。

钨灯丝电子枪阴极使用直径为0.1 mm的钨丝制成V形(发叉式钨丝阴极)，使用V形的尖端作为发射点源，曲率半径大约为0.1 mm；场发射电子枪阴极使用直径为0.1 mm的钨丝，经过腐蚀制成针状的尖阴极，一般曲率半径为100 nm～1 μm。由于制作工艺上的差异，它们的造价不同，钨灯丝电子枪阴极便宜，场发射电子枪阴极很贵。

②发射机制差异及优劣。

钨灯丝电子枪的发射机制属于热发射，在钨灯丝电极上加直流电压，钨灯丝发热，使用温度一般在2 600～2 800 K，钨灯丝有很高的电子发射效率，温度越高电流密度越大，理想情况下的电子枪亮度越高。由于材料的蒸发速度随温度的升高而急剧上升，因此钨灯丝的寿命比较短，一般为50～200 h，具体与设定的灯丝温度有关。由于电子发射温度高，因此发射的电子能量分散度大，一般为2 eV，电子枪引起的色差会比较大。

场发射电子枪主要的发射机制不是靠加热阴极，而是在尖阴极表面增加强电场，从而降低阴极材料的表面势垒，并且使表面势垒宽度变窄到纳米级别，进而出现量子隧道效应。在常温甚至低温下，大量低能电子通过隧道发射到真空中，由于阴极材料温度低，一般材料不会损失，因此其寿命很长，可使用上万小时。

③控制方式和电子源直径差异及优劣。

钨灯丝电子枪是三极自给偏压控制，具有偏压负反馈电路，因此发射电流稳定度高；由于阴极发射点源面积大，因此电子源尺寸也比较大，50～100 μm发射可达几十到

150 μA，但电子枪的亮度低，故当电子束斑聚焦到几个纳米时，总的探针电流很小。信噪比太低是限制图像分辨率的根本因素，当前钨灯丝扫描电子显微镜最佳分辨率为3.0 nm。

场发射电子枪没有偏压负反馈电路，外界电源的稳定度是决定因素，发射电流稳定度相对要低一些；由于尖阴极发射点源面积很小（为 100 nm 左右），没有明显的电子源，因此使用虚电子源作为电子光学系统设计的初始物，虚电子源直径一般为 2～20 nm，电子枪亮度相比钨灯丝提高上千倍。当电子束斑尺寸缩小到 1 nm 以下时依然具有足够强的探针电流来获得足够的成像信号，因此分辨率高，当前最佳的场发射扫描电子显微镜分辨率实现了亚纳米级别。

④系统真空度差异及优劣。

钨灯丝扫描电子显微镜使用一般的高真空，需要两级真空泵系统且获得 10^{-3} Pa 的真空度即可稳定工作，因此造价低。

场发射扫描电子显微镜使用超高真空，需要三级真空泵系统且必须获得 10^{-7} Pa 以上的真空度才可以稳定工作。首先因为电子枪尖阴极不耐较低的真空中被电离的离子轰击，所以如果真空度不够则电子枪尖阴极很容易被扫平进而失效，这时其性能不如钨灯丝；其次因为电子枪阴极尖端在较低的真空下，吸附的气体分子会急剧加大阴极材料的表面势垒，造成电子枪发射不稳，亮度降低，所以必须使用超高真空。场发射超高真空系统的造价明显比钨灯丝高真空系统的造价高很多。由于场发射超高真空的洁净度要好于钨灯丝高真空的洁净度，因此在钨灯丝寿命内，系统可以免清洗和维护。钨灯丝扫描电子显微镜维护周期相对要短一些。

⑤档次差异。

钨灯丝扫描电子显微镜和场发射扫描电子显微镜是具有明显档次差异的，这从价格上也能明确反映出来。钨灯丝扫描电子显微镜需要十几万美元，而场发射扫描电子显微镜需要几十万甚至上百万美元。（注：以上为定性表达，具体数据还望查阅有关资料。）

（2）电磁透镜。

电磁透镜由聚光镜和物镜组成，其依靠透镜的电磁场与运动电子的相互作用使电子束聚焦，将电子枪发射的 10～50 μm 电子束压缩至 5～20 nm 电子束，约缩小到原来的1/10 000。聚光镜可以改变入射到样品上的电子束流的大小，物镜可以决定电子束束斑的直径。电子光学系统中存在的球差、色差、像散等，都会影响最终图像的质量。球差的产生使远轴电子比近轴电子受到的聚焦作用更强，其克服方法是在电子光学的光轴中加三级固定光阑挡住发散的电子束，光阑通常采用厚度为 0.05 mm 的钼片制作，物镜消像散器提供一个与物镜不均匀磁场相反的校正磁场，使物镜最终形成一个对称磁场，产生一束细聚焦的电子束。

（3）扫描系统。

扫描系统主要包括扫描发生器、扫描线圈和放大倍率变换器。扫描发生器由X扫描发生器和Y扫描发生器组成，产生的不同频率的锯齿波信号被同步送入镜筒中的扫描线圈和显示系统CRT(阴极射线显像管)中的扫描线圈上。扫描电子显微镜镜筒的扫描线圈分上、下双偏转扫描装置，其作用是使电子束正好落在物镜光阑孔中心，并在样品上进行光栅扫描。扫描方式分为点扫描、线扫描、面扫描和Y调制扫描。扫描电子显微镜图像的放大倍率是通过改变电子束偏转角度来调节的。放大倍数等于CRT面积与电子束在样品上扫描的面积之比，减小样品上扫描的面积，就可增加放大倍率。因为电子束在样品上扫描的面积由扫描线圈产生的激励磁场控制，可以连续调节，所以扫描电子显微镜的放大倍率是可以连续调节的。

(4)样品室。

样品室内除放置样品外，还安置信号探测器。不同信号的收集和相应信号探测器的安放位置有很大的关系，如果安置不当，则有可能收集不到信号或收集到的信号很弱，从而影响分析精度。扫描电子显微镜样品台本身是一个复杂而精密的组件，它应能夹持一定尺寸的样品，并能使样品平移、倾斜和转动，以利于对样品上每一特定位置进行各种分析。新式扫描电子显微镜的样品室实际上是一个微型实验室，它带有多种附件，可使样品在样品台上加热、冷却和进行机械性能实验(如拉伸、压缩、疲劳、纳米压痕等)。

(5)图像显示和记录系统。

高能电子束与样品相互作用产生各种信息，在扫描电子显微镜中采用不同的信号探测器接收这些信号，其中接收二次电子信号成像是扫描电子显微镜最常用的功能之一。二次电子的探测系统包括静电聚焦电极(收集极或栅极)、闪烁体探头、光导管、光电倍增管和前置放大器。二次电子在收集极的作用下(+500 V)，被引导到信号探测器打在闪烁体探头上，探头表面喷涂厚为数百埃的金属铝膜及荧光物质。在铝膜上加+10 kV高压，以保证静电聚焦电极收集到的绝大部分电子落到闪烁体探头顶部。在二次电子轰击下闪烁体释放出光子束，它沿着光导管传到光电倍增管的阴极上。光电倍增管通常采用13极百叶窗式倍增极，总增益为10^5～10^6，其阴极把光信号转变成电信号并加以放大输出，进入视频放大器直至CRT的栅极上。扫描电子显微镜显示屏上信号波形的幅度和电压受输入二次电子信号强度调制，从而改变图像的反差和亮度。

一般的扫描电子显微镜二次电子探测器均在物镜下面，当样品置于物镜内部时，焦距极短，可使像差达到最小的程度，从而得到高分辨率的图像，二次电子分辨率可达3.5 nm。显像管将显示的图像、编号、放大倍率、标尺长度和加速电压拍摄到底片上。随着科学水平的不断发展，20世纪80年代就已研制出用计算机代替照相机，可直接将图像及设置的参数打印出来或存储于软盘。

(6)真空系统。

真空系统在扫描电子显微镜中十分重要，扫描电子显微镜要求其真空度高于

10^{-3} Pa,否则会导致以下问题:①电子束的被散射加大;②电子枪钨灯丝的寿命缩短;③产生虚假的二次电子效应;④使透镜光阑和样品表面受碳氢化物的污染加速等,从而影响成像质量。为保证扫描电子显微镜电子光学系统的正常工作,扫描电子显微镜采用一个机械泵和一个油扩散泵。真空系统的工作自动进行并有保护电路。若达不到高真空,高压指示灯不亮,无法加高压,扩散泵冷却水断路或水压不足,全机电源自动切断,扩散泵温度过高也自动断电。电子枪有独立的真空室,其能与主机镜筒隔离,更换钨灯丝后几分钟内电子枪即可达到高真空。

三、实验报告要求

(1)简述扫描电子显微镜组成。

(2)画出扫描电子显微镜结构图。

实验二　二次电子衬度原理与形貌分析

一、实验目的

(1)了解扫描电子显微镜的二次电子衬度原理。

(2)了解扫描电子显微镜图像分辨率及其影响因素。

二、二次电子衬度原理与形貌分析

1. 概述

扫描电子显微镜的制造依据是电子与物质的相互作用。扫描电子显微镜从原理上讲就是利用聚焦得非常细的高能电子束在样品上扫描,激发出各种物理信息。通过对这些信息的接收、放大和显示成像,获得测试样品表面形貌的特征。当一束极细的高能入射电子轰击扫描样品表面时,被激发的区域将产生二次电子、俄歇电子、特征 X 射线和连续谱 X 射线、背散射电子、透射电子,以及在紫外、可见和红外光区域产生的电磁辐射(图1.3)。同时可产生电子—空穴对、晶格振动(声子)、电子振荡(等离子体)。

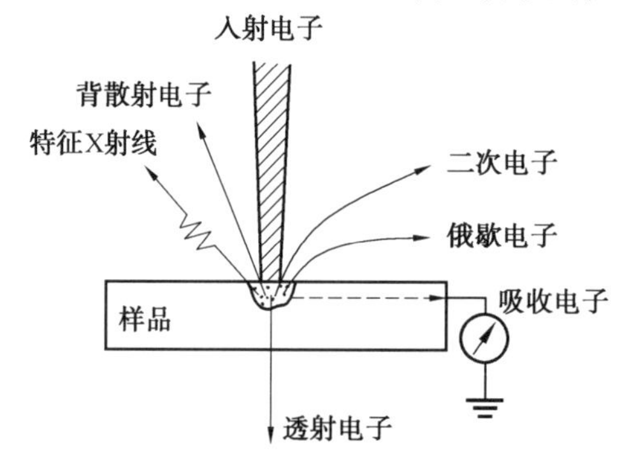

图 1.3　电子束与样品表面作用产生信号

2. 散射概念

样品对入射电子束的作用主要是散射,包括弹性散射和非弹性散射,又称弹性碰撞和非弹性碰撞。只有动能的交换,粒子的类型及其内部运动状态并无改变的碰撞称为弹性散射;除有动能交换外,粒子内部状态在碰撞过程中有所改变或转化为其他粒子的碰撞称为非弹性散射。如电子一原子碰撞中所引起的原子电离和激发属于弹性散射。

3. 二次电子

二次电子是指被入射电子轰击出来的核外电子。由于原子核和外层价电子间的结合能很小,因此当原子的核外电子通过入射电子获得大于相应结合能的能量后,可脱离原子成为自由电子。如果这种散射过程发生在比较接近样品表层处,那些能量大于材料逸出功的自由电子可从样品表面逸出,变成真空中的自由电子,即二次电子。

二次电子来自距离样品表面 5～10 nm 的区域内,能量为 0～50 eV。它对样品表面状态非常敏感,能准确地显示样品表面的微观形貌。由于它发自样品表层,入射电子还没有被多次反射,因此产生二次电子的面积与入射电子的照射面积没有多大区别,所以二次电子的分辨率较高,一般为 5～10 nm。扫描电子显微镜的分辨率一般就是二次电子的分辨率。二次电子产额随原子序数的变化不大,它主要取决于样品表面形貌。

二次电子成像中像点的亮度取决于对应样品位置二次电子的产额,而二次电子产额对样品微区表面的取向非常敏感。样品位置与二次电子的产额关系示意图如图 1.4 所示。二次电子的产额取决于产生二次电子的样品体积。随着微区表面法线与电子束方向间夹角 θ 的增大,激发二次电子的有效深度增大,二次电子的产额随之增大。$\theta=0°$时,二次电子产额最小;$\theta=45°$时,二次电子产额增大;$\theta=60°$时,二次电子产额更大。

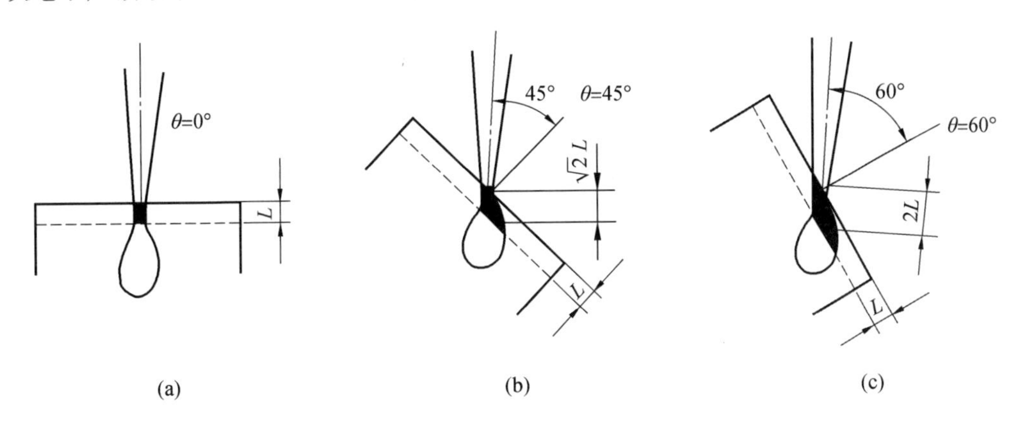

图 1.4 样品位置与二次电子的产额关系示意图

根据上述原理,二次电子成像衬度示意图如图 1.5 所示,图中 B 平面的倾斜程度最小,二次电子的产额最少,像点亮度最低;C 平面的倾斜程度最大,像点亮度也最大。

而图像中像点的亮度最终取决于检测到的二次电子的多少,实际样品中二次电子的激发示意图如图 1.6 所示。凸出于表面的尖角、颗粒等部位图像较亮;凹槽处图像较暗。

因为虽然此处二次电子产额较大，但不易被接收。

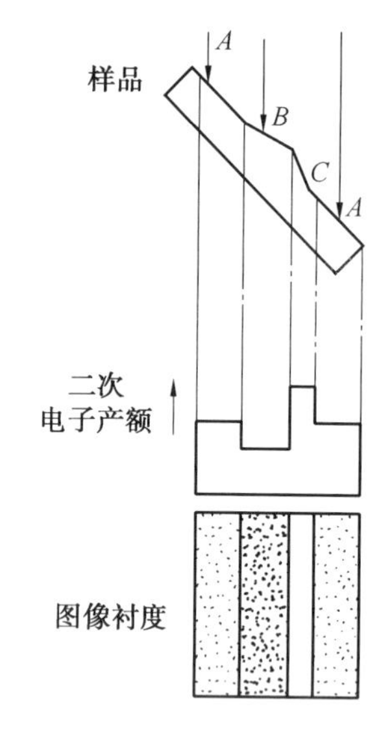

图 1.5　二次电子成像衬度示意图

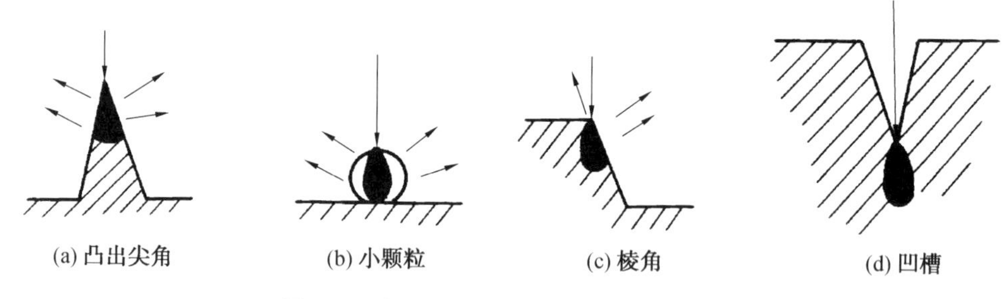

图 1.6　实际样品中二次电子的激发示意图

4. 扫描电子显微镜图像分辨率及其影响因素

随着加速电压的提高，电子束波长越来越短。理论上，只考虑电子束直径的大小，加速电压越大，可得到的聚焦电子束越小，越能提高分辨率。不同加速电压下形貌对比如图 1.7 所示，随着加速电压的提高，图像分辨率明显增加。然而提高加速电压却有一些不可忽视的缺点，如无法看到样品表面的微细结构；会出现不寻常的边缘效应；电荷累积的可能性增高；样品损伤的可能性增高。

在加速电压和物镜光阑孔径固定的情况下，调节聚光镜电流可以改变束流的大小。聚光镜励磁电流越大，电子束直径越小，越能提高分辨率。束流减小会使二次电子信号减弱，噪声增大。过大的束流会使边缘效应增大，带来过强的反差，要获得最佳的图像质量，必须兼顾电子束直径和能收集足够强的二次电子信号两方面的要求。扫描电子显微镜下二次电子成像观察材料形貌举例如图 1.8 所示。

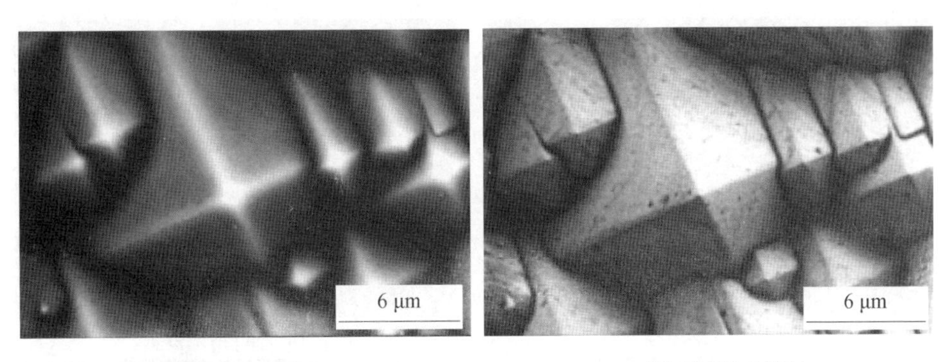

(a) 15.0 kV×5 000 k　　(b) 1.0 kV×5 000 k

图1.7　不同加速电压下形貌对比图

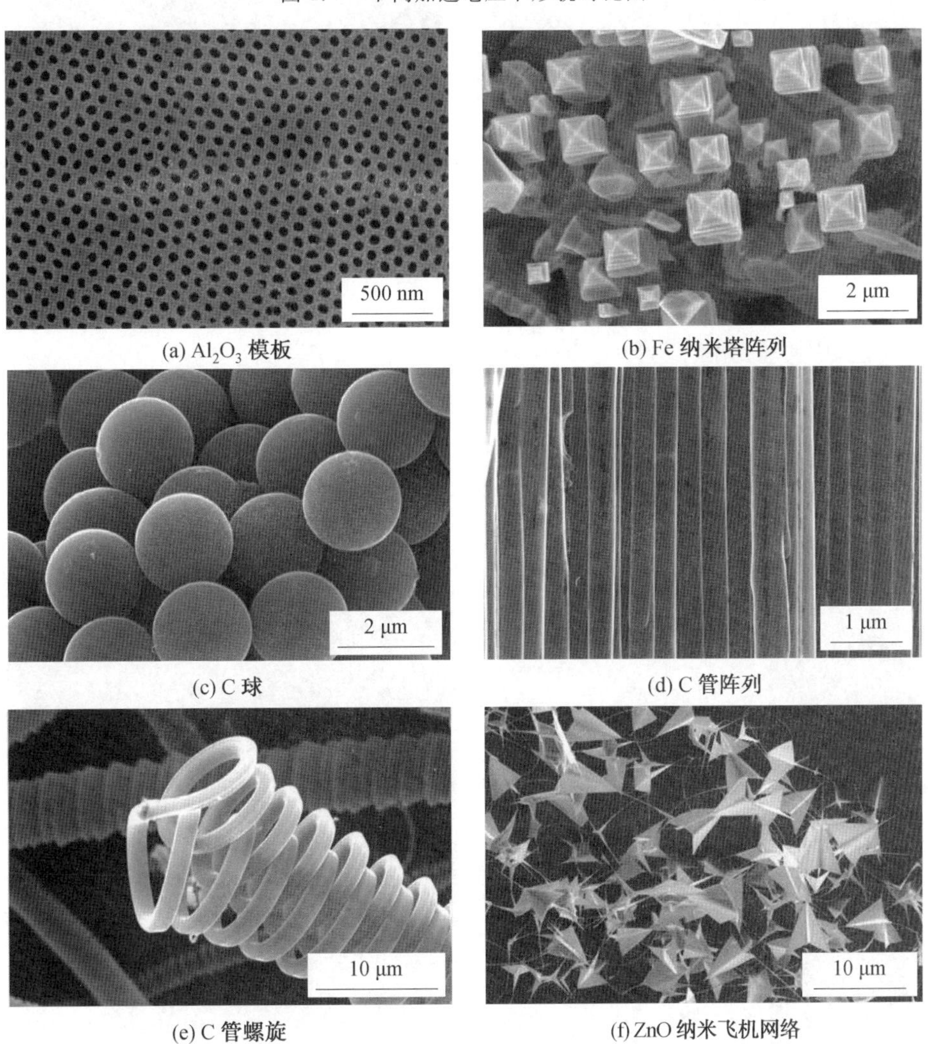

(a) Al_2O_3 模板　　(b) Fe 纳米塔阵列

(c) C 球　　(d) C 管阵列

(e) C 管螺旋　　(f) ZnO 纳米飞机网络

图1.8　扫描电子显微镜下二次电子成像观察材料形貌举例

(g) ZnO 纳米棒　(h) ZnO 纳米带

(i) ZnO 梳状结构　(j) 铂颗粒(4~6 nm)

续图 1.8

三、二次电子成像操作

1. 换样

第 1 步:单击 Beam On 按钮。

第 2 步:单击 Vent 按钮。

第 3 步:出现对话框,单击 Yes 按钮,打开舱门(图 1.9)。

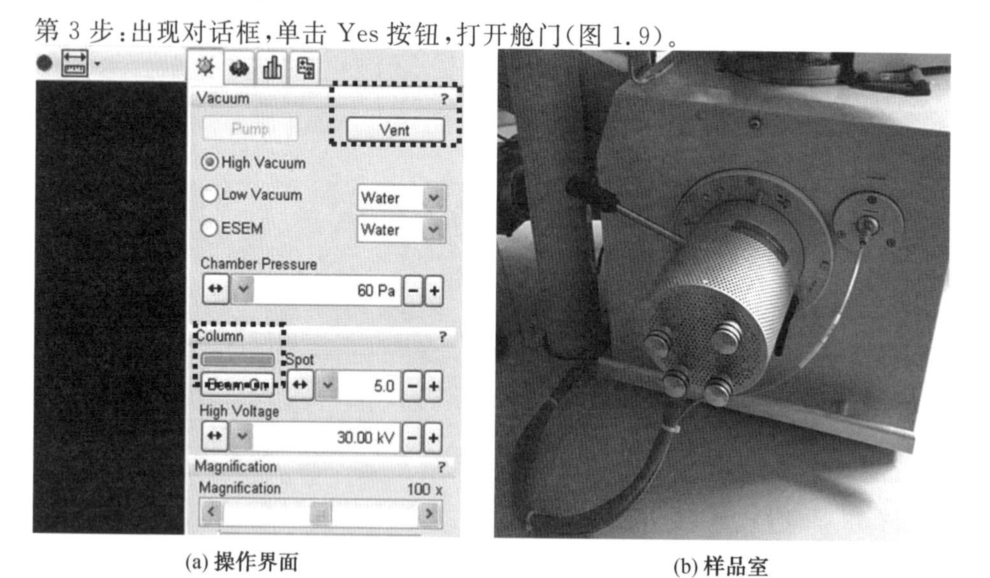

(a) 操作界面　(b) 样品室

图 1.9　扫描电子显微镜操作界面与样品室

第 4 步：装样。样品方向与高度如图 1.10 所示。用卡度标尺测量，样品座平台到样品的高度不能超过卡度标尺下沿，尽量在下沿附近。

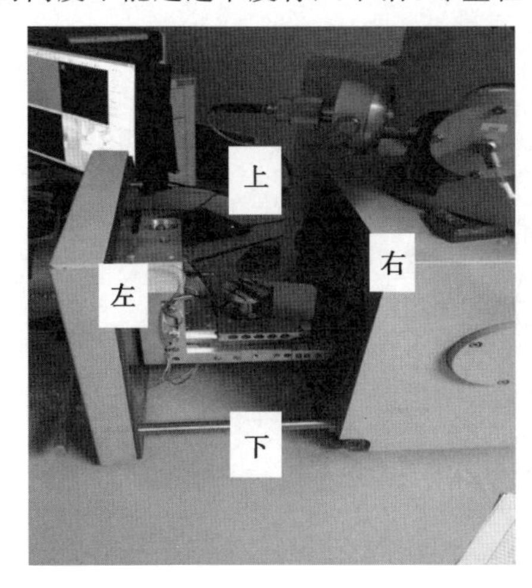

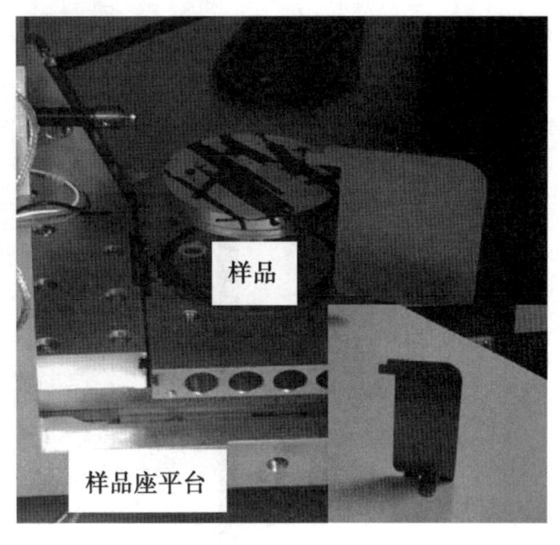

图 1.10　样品方向与高度

第 5 步：关上舱门抽真空。右手推着舱门，左手单击 Pump 按钮。等抽真空 20 s 后，松开右手不用再推着舱门。

第 6 步：确定指示灯全变绿且真空度(Chamber Vacuum)小于 7×10^{-3} Pa，可以操作机器。

2. 加高压和找位置

第 1 步：单击 Beam On 按钮后，在 High Voltage 下拉菜单选 20 kV 或者 30 kV(图 1.11)。

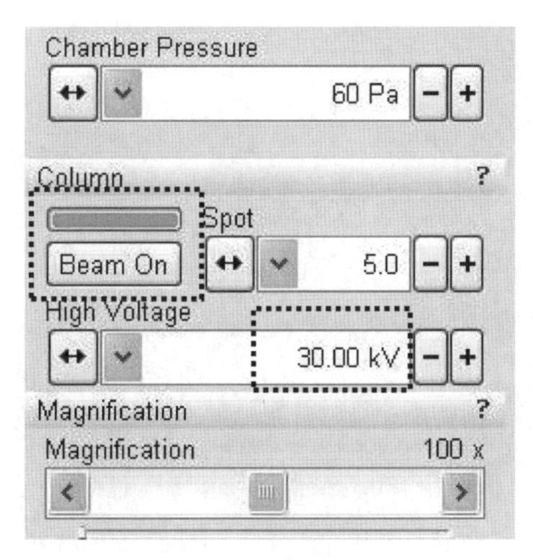

图 1.11　开电子束与加高压

第 2 步：单击标题栏箭头位置的位置设置图标(图 1.12)，选择坐标(Coordinates)菜单，在 X 坐标处输入 0 按回车键，Y 坐标处也输入 0 按回车键。

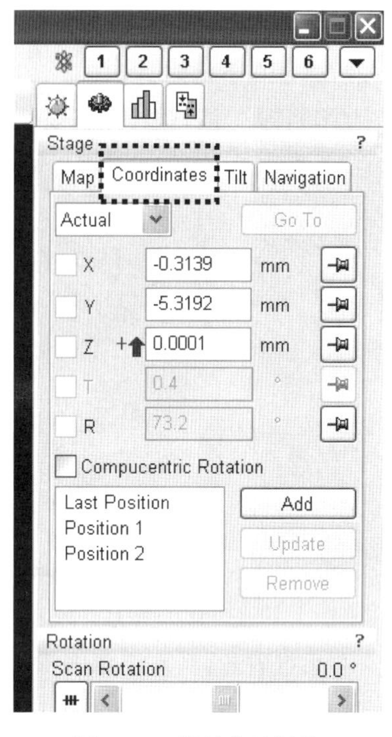

图 1.12　样品位置调节

第 3 步：左键双击或者按住滚轮移动，寻找样品，确定想观察的区域。

3. 图像播放

第 1 步：如果是 4 个窗口，单击右上角的窗口，按 F5 键出现一个窗口(图 1.13)。

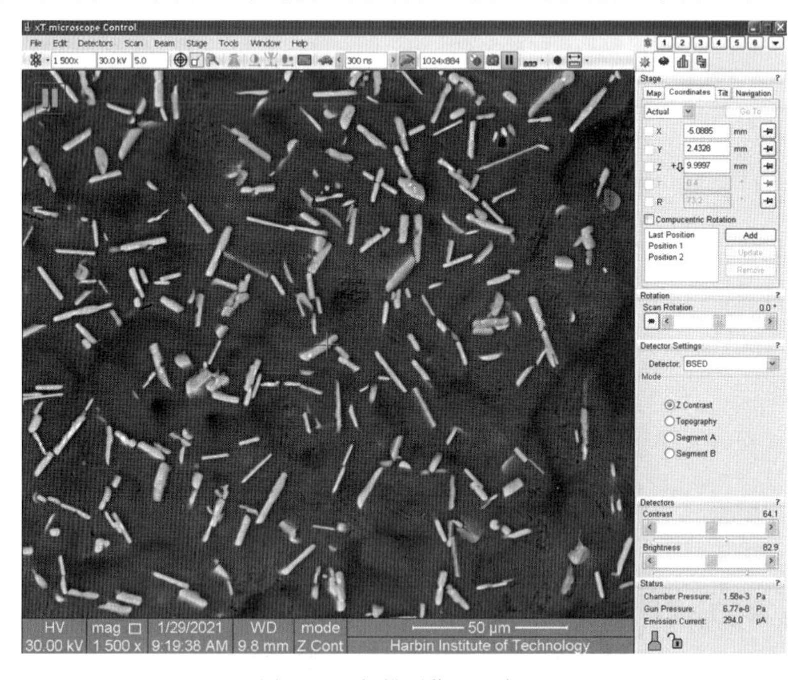

图 1.13　扫描图像画面窗口

第 2 步：单击标题栏的播放按钮，出现图像（图 1.14）。

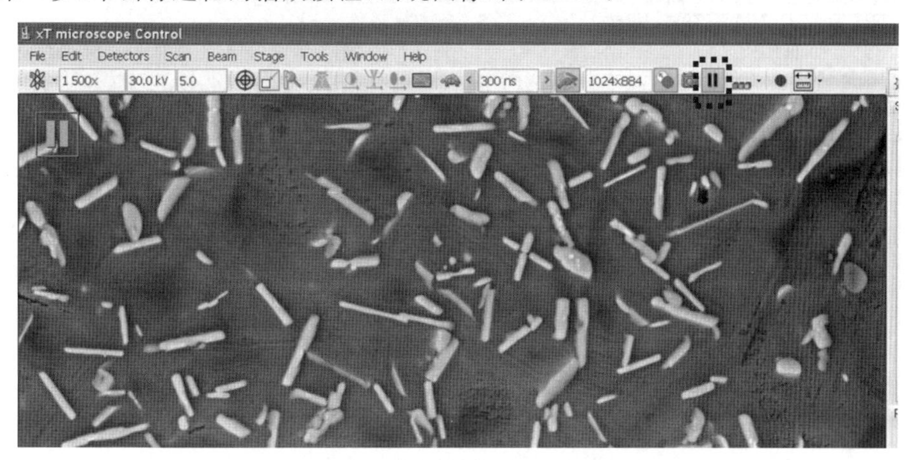

图 1.14　扫描电子显微镜播放图像操作界面与样品室

第 3 步：如果没有图像，可能是太暗或太亮了，需要调节对比度和亮度，可左右调节对比度和亮度，找到图像。

第 4 步：确定扫描速率（300 ns）与分辨率（1 024×884）（图 1.15）。

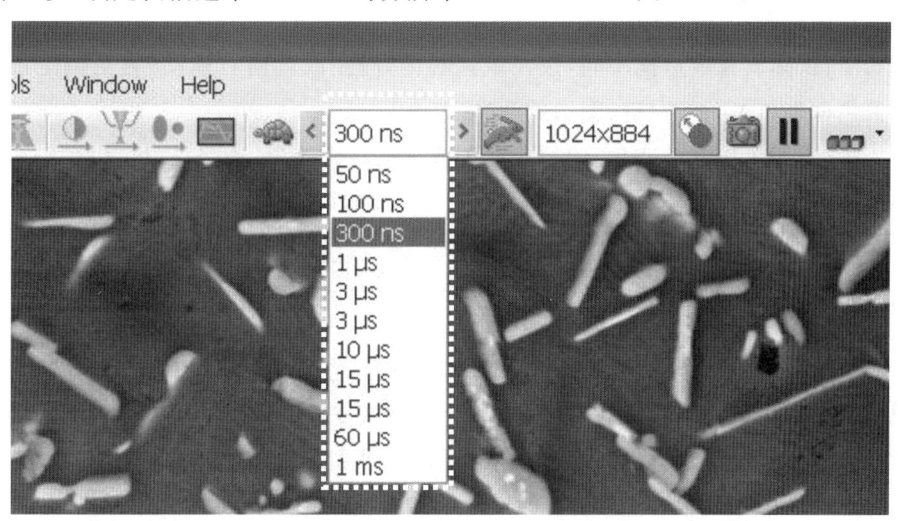

图 1.15　扫描速率与分辨率

第 5 步：单击标题栏 Detectors 项，选择 ETD(SE)二次电子成像模式（图 1.16）。

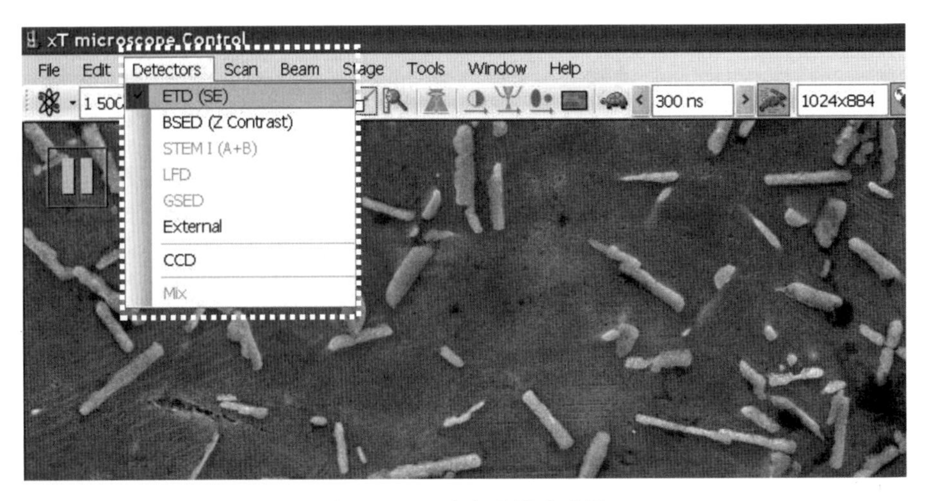

图 1.16　二次电子模式选择

4. 调焦拍照

第 1 步：选定一定倍数(如 1 000 倍)，单击聚焦框。

第 2 步：聚焦框可改变大小，鼠标左键单击小框边缘调节大小，可以左键点住移动，将聚焦框放置画面中间。

第 3 步：鼠标放在聚焦框中间，按住鼠标右键，向左或者向右拖动，直至调至最清楚。之后在聚焦框外单击一下左键，图像就清楚了。

第 4 步：需要再次低倍调焦，清楚后放大再进行高倍调焦，清楚后就可以进行照相，照相的倍数要低于调焦的倍数。

第 5 步：调焦结束之后，调节亮度和对比度，也可以单击自动对比调节。

第 6 步：按 F4 键照相，然后保存。

四、实验报告要求

(1)描述电子束与样品表面相互作用后产生的信号种类。

(2)简述扫描电子显微镜图像分辨率及其影响因素。

实验三　背散射电子分析与衬度原理

一、实验目的

(1)了解扫描电子显微镜的背散射电子成像原理与特点。

(2)掌握扫描电子显微镜背散射电子成像操作。

二、背散射电子分析与衬度原理

1. 背散射电子信号产生及特点

背散射电子是指被固体样品原子反射回来的一部分入射电子，包括弹性背散射电子和非弹性背散射电子。

弹性背散射电子是指被样品中原子核反弹回来的(散射角大于 90°)入射电子，其能量基本没有变化(能量为数千电子伏特到数万电子伏特)。非弹性背散射电子是指和核外电子撞击后产生非弹性散射的入射电子，其不仅能量发生变化，而且方向也发生变化。非弹性背散射电子的能量范围很宽，从数十电子伏特到数千电子伏特。

从数量上看，弹性背散射电子远比非弹性背散射电子所占的份额多。背散射电子的产生范围为 100 nm～1 mm 深度处。

2. 背散射电子和二次电子比较

图 1.17 所示为背散射电子产额和二次电子产额与原子序数的关系示意图。背散射电子束成像分辨率一般为 50～200 nm(与电子束斑直径相当)。背散射电子的产额随原子序数的增加而增加(图 1.18)，所以，背散射电子作为成像信号不仅能分析样品形貌特征，还可以显示原子序数衬度，对样品进行定性成分分析。

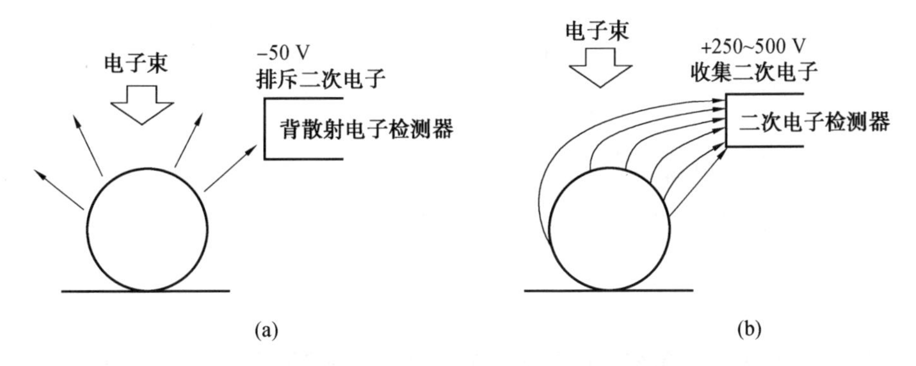

图 1.17　背散射电子产额和二次电子产额与原子序数的关系示意图

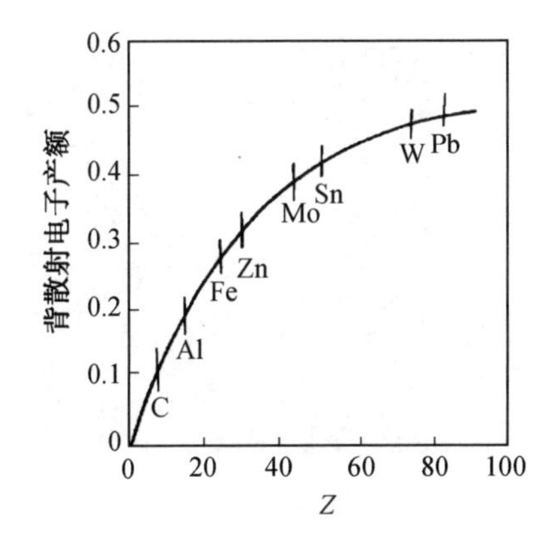

图 1.18　背散射电子产额与原子序数关系

背散射电子成像也能提供表面形貌衬度;但与二次电子成像相比,背散射电子成像形貌衬度有如下特点。

(1)产生背散射电子的样品区域较大,所以背散射电子成像分辨率低。

(2)二次电子能量很低,背向检测器的二次电子在栅极吸引下也能被检测到;而背散射电子的能量较高,背向探测器的信号难以检测到,因此图像存在较大的阴影。

若利用背散射电子信号成像,对应样品中平均原子序数大的区域图像较亮,对应样品中平均原子序数小的区域图像较暗。不同物相元素组成不同,平均原子序数也不同,利用背散射电子信号成像时,不同物相显示不同的亮度。背散射电子成像实例图如图 1.19 所示。

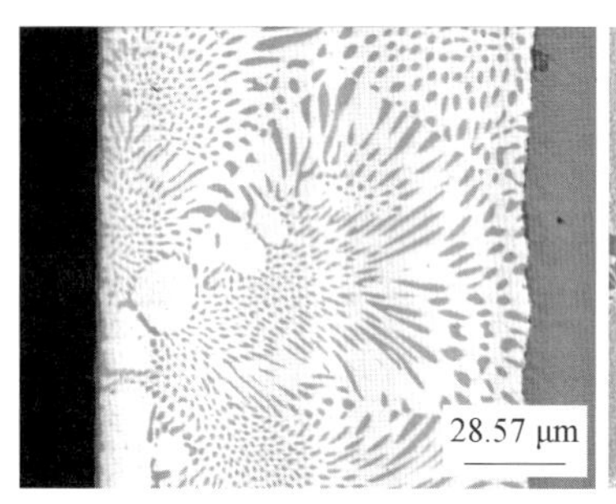

(a) Ag-Cu钎焊层的背散射电子成像

(b) 多孔氧化铝模板制备的金纳米线的低倍形貌成像

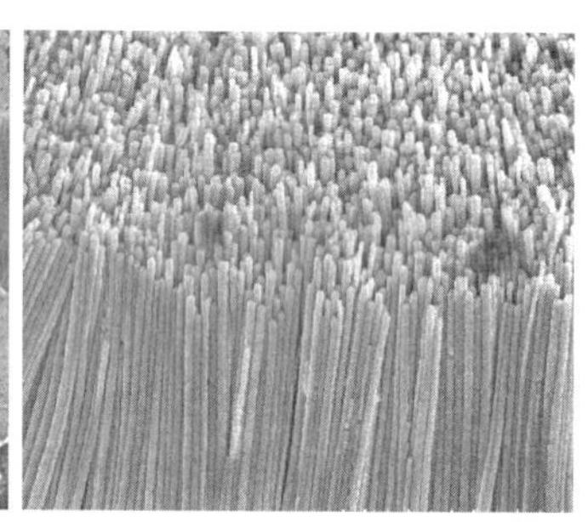

(c) 多孔氧化铝模板制备的金纳米线的高倍形貌成像

图 1.19 背散射电子成像实例图

三、背散射电子成像操作

背散射电子成像操作步骤与二次电子成像操作步骤类似,它们的不同之处在于背散射电子成像操作需单击标题栏 Detectors 项,选择 BSED(Z Contrast)背散射电子成像模式(图 1.20)。

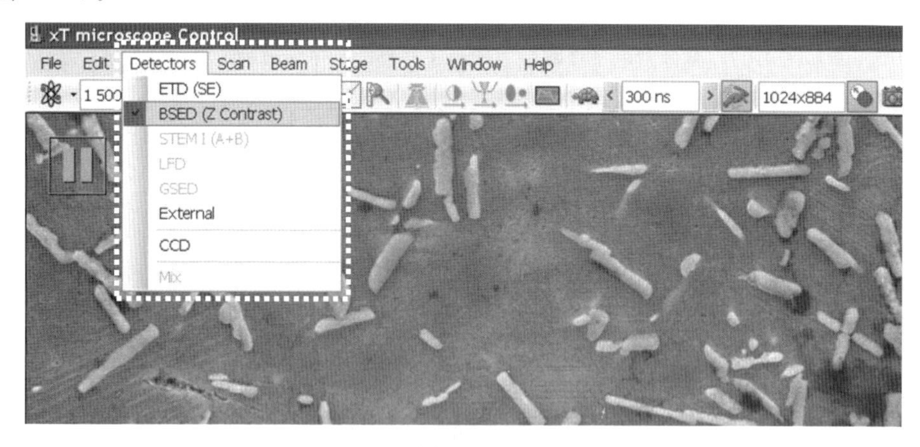

图 1.20 背散射电子成像模式选择

调焦拍照步骤如下。

第 1 步：选定一定倍数（如 1 000 倍），单击聚焦框。

第 2 步：聚焦框可改变大小，鼠标左键单击框边缘调节大小，可以左键点住移动，将聚焦框放在画面中间。

第 3 步：鼠标放在聚焦框中间，按住鼠标右键，向左或者向右拖动，直至调至最清楚。之后在聚焦框外单击一下左键，图像就清楚了。

第 4 步：需要再次低倍调焦，清楚后放大再进行高倍调焦，清楚后就可以进行照相，照相的倍数要低于调焦的倍数。

第 5 步：调焦结束之后，调节亮度和对比度，也可以单击自动对比调节。

第 6 步：按 F2 键照相，然后保存。

四、实验报告要求

（1）描述背散射电子信号产生及特点。

（2）简述背散射电子和二次电子信号的区别。

实验四　扫描电子显微镜断口分析

一、实验目的

（1）熟悉二次电子成像观察方法，了解金属材料典型断口形貌特征。

（2）掌握双相不锈钢冲击断口形貌特征。

（3）掌握钢的疲劳断口形貌特征。

二、扫描电子显微镜断口分析

1. 概述

断口是断裂失效中两断裂分离面的简称。由于断口真实地记录了裂纹由萌生、扩展直至失稳断裂全过程的各种与断裂有关的信息，因此，断口上的各种断裂信息是断裂力学、断裂化学和断裂物理学等诸多内外因素综合作用的结果。对断口进行定性和定量分析，可为断裂失效模式的确定提供有力依据，为断裂失效原因的诊断提供线索。断口金相学不仅能在设备失效后进行诊断分析，还可为新产品、新装备投入使用进行预研预测。断口、裂纹及冶金、工艺损伤缺陷分析是失效分析工作的基础。实践证明，没有断口、裂纹及损伤缺陷分析的正确诊断结果，是无法提出失效分析的准确结论。

扫描电子显微镜可对金属断裂典型断口形貌进行观察，还可对其微区成分进行分析。

本实验具体内容是利用二次电子成像，观察金属断裂典型断口形貌，了解金属断裂典型断口的微观特征。

2. 按应力方式分析

（1）拉伸断口。

从宏观观察（5×），拉伸断口呈现的三个典型区域分别是纤维区、放射区和剪切唇（图 1.21）。

第一个区域称为纤维区，在样品的中心位置(图 1.21(b))，断口首先在该区域形成，该区域颜色灰暗，表面有较大的起伏(如山脊状)，这表明断口在该区扩展时伴有较大的塑性变形，断口扩展也较慢。

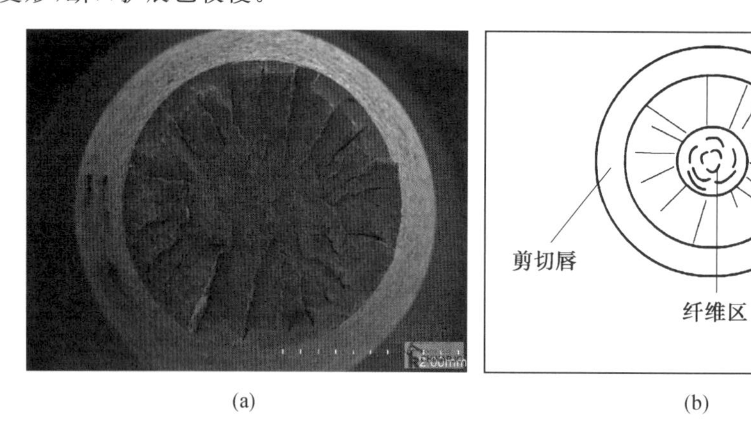

(a) (b)

图 1.21 拉伸断口呈现典型区域

第二个区域称为放射区，表面较光亮平坦，有较细的放射状条纹，断口在该区扩展较快。

第三个区域称为剪切唇，接近样品边缘时，应力状态改变(平面应力状态)，最后沿着与拉力轴向成 40°～50°方向剪切断裂，该区域表面粗糙呈深灰色。

样品塑性的好坏，由这三个区域的比例而定。如果放射区较大，则材料的塑性低，因为这个区域是断口快速扩展部分，伴随的塑性变形也小；反之，塑性好的材料，必然表现为纤维区和剪切唇占很大比例，甚至中间的放射区可以消失。影响这三个区域比例的主要因素是材料强度和实验温度。

从微观观察(400×以上)，纤维区是断口源形成区，存在大量的韧窝(微坑)、撕裂棱(塑性变形的痕迹)(图 1.22)。断口源形核的产生主要是由于夹杂物、二相粒子、硬质点的作用。

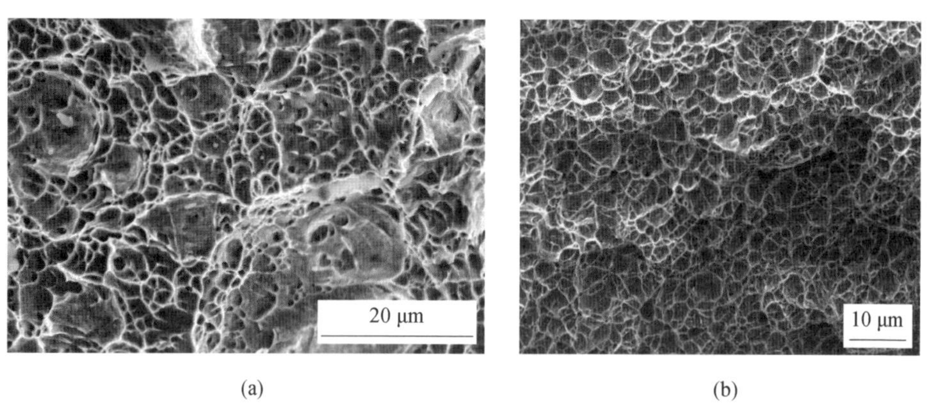

(a) (b)

图 1.22 拉伸断口呈现典型纤维区

(2)冲击断口。

冲击断口在通常情况下除了切口底部的断裂源外，一般也是由纤维区、放射区和剪切唇三部分组成。断口上这三个区域所占比例的大小，标志着材料韧性的优劣。在实验条件一致的情况下，纤维区和剪切唇越大说明材料的韧性越好。

冲击断口的断裂形貌如图1.23所示。在低倍观察下可以看到，断口的纤维区和剪切唇所占比重较大，这表明样品具有较好的韧性。利用扫描电子显微镜可观察到样品断口呈韧窝特征，断口下部韧窝组织连锁紧凑，韧窝尺寸大而深且数量多。除了韧性断裂，冲击断口还会出现脆性特征，图1.23(d)所示为双相钢的冲击断裂。

(a) 冲击断口的塑性断裂形貌

(b) 冲击断口的塑性断裂低倍形貌

(c) 冲击断口的塑性断裂高倍形貌

(d) 马氏体的分布对双相钢冲击断裂形貌

图1.23　冲击断口的断裂形貌

(3)疲劳断口。

从宏观上看，疲劳断口分成三个区城(图1.24)，即疲劳核心区(源区)、疲劳断口扩展区、瞬时破断区(最后断裂区)。疲劳核心区是疲劳断口最初形成的地方，一般起源于零件表面应力集中或表面缺陷的位置，如表面槽、孔，过渡小圆角，刀痕和材料内部缺陷(如夹杂、白点、气孔等)。疲劳断口扩展区是疲劳断口的最重要特征区域，一般分为两个阶段：第一阶段，断口只有几个晶粒尺寸，且与主应力方向成45°角；第二阶段垂直于主应力，它是疲劳断口扩展的主要阶段。疲劳断口扩展区的主要特征是存在疲劳纹，即一系列基本上相互平行的、略带弯曲的、呈波浪形的条纹。

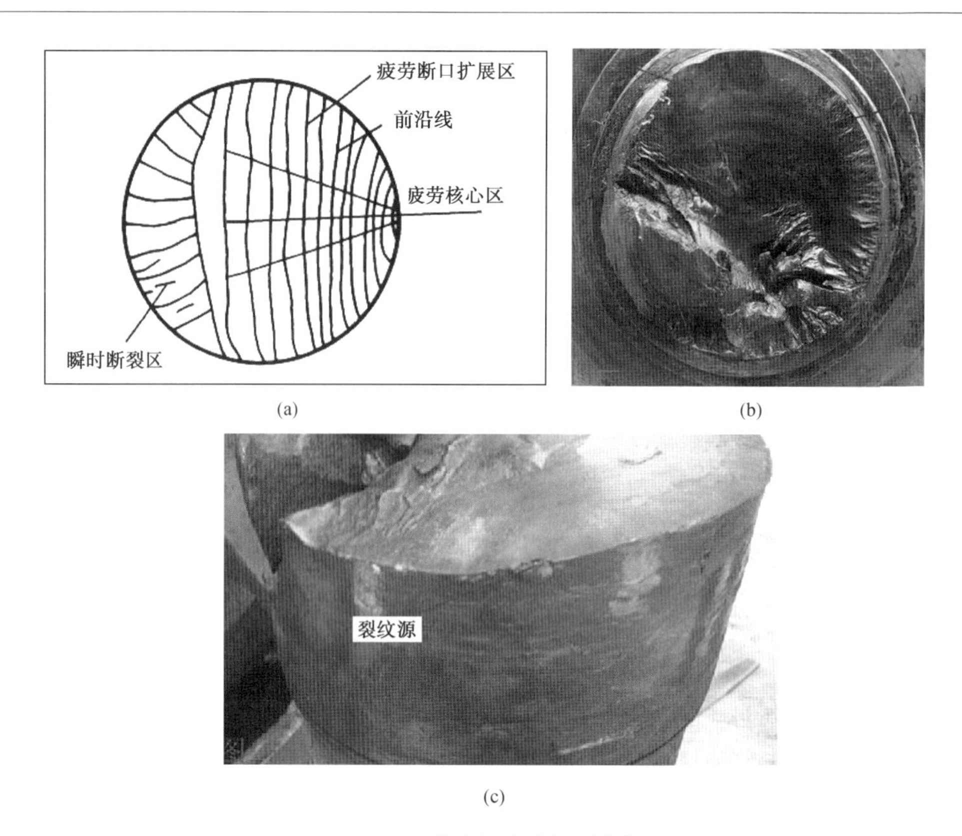

(a) (b) (c)

图 1.24 样品的疲劳断口形貌

3. 按韧性和脆性分析

(1)韧性断口。

金属韧性断口的主要微观特征是,材料在微区范围内塑性变形产生的显微孔洞经形核、长大、聚集直至最后相互连接而导致断裂后,在断口表面上所留下的痕迹(图 1.25)。由于其他断口模式上也可观察到韧窝,因此不能把韧窝特征作为韧性断口的充分判据,而只能作为必要判据来应用。零件受力状态不同,韧窝可有不同的形状,即韧窝的形状可反映零件的受力状态。韧窝的最基本形态有等轴韧窝、剪切韧窝和撕裂韧窝三种。

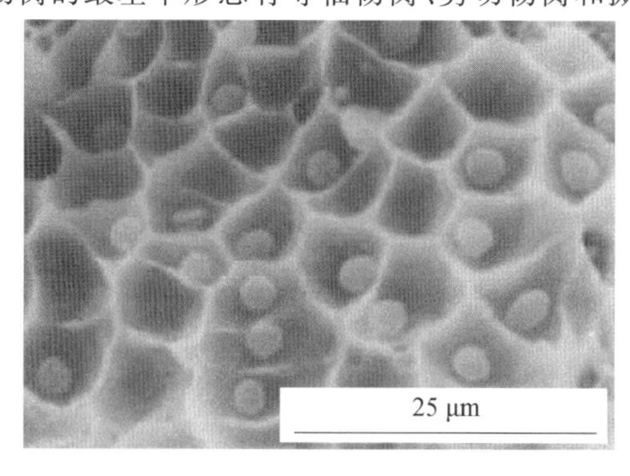

图 1.25 典型韧性断口形貌

大量观察表明，微坑一般均形核于夹杂物、第二相粒子或硬质点处，因它们与基体之间结合力较弱，在外力作用下容易在界面发生破裂而形成微孔，然后逐渐长大成微坑。当然，并非每个韧窝都包含一个夹杂物或粒子，因为夹杂物或粒子分布在两个匹配断口上。此外，夹杂物在断裂、运输或超声清洗时也可能脱落。

韧窝的尺寸包括它的平均直径和深度。影响韧窝尺寸的主要因素为第二相质点的尺寸、形状、分布，材料本身的相对塑性、变形硬化指数，外加应力、温度，等等。在金属的韧窝断口中，一般最常见的是尺寸大小各不相等的韧窝，如大韧窝周围密集着小韧窝的情况。

韧窝大小、深浅及数量取决于材料断裂时夹杂物或第二相粒子的大小、间距、数量及材料的塑性和实验温度。如果夹杂物或第二相粒子多，材料的塑性较差，则断口上形成的韧窝尺寸较小较浅，反之则形成的韧窝尺寸较大较深。成核的密度大、间距小，则韧窝的尺寸小。在材料的塑性及其他实验条件相同的情况下，第二相粒子大，韧窝也大；第二相粒子小，韧窝也小。韧窝的深度主要受材料塑性变形能力的影响。材料的塑性变形能力大，韧窝深度大，反之韧窝深度小。

金属材料本身的相对塑性及变形硬化指数的大小直接影响显微空洞的聚集、连接方式。通常，变形硬化指数越大的材料越难以发生内颈缩，它将产生更多的显微空洞或通过剪切断裂而连接，导致韧窝变小、变浅。受材料本身微观结构和相对塑性的影响，韧窝表现出完全不同的形态和大小。

应变速率和温度通过对材料塑性和硬化指数发生作用而影响韧窝的尺寸。随着温度的增加，韧窝深度增加；对于某些合金，随着应变速率的增加，韧窝的直径增加。

应力大小和应力状态也通过对材料塑性变形能力的影响间接地影响韧窝的深度。例如，高的静水压作用有利于内静缩的产生，使显微空洞间基体的剪切断裂减少，这时韧窝的直径变化不大，但是韧窝的深度有较大的增加；而在多向拉伸应力作用下，显微空洞间的基体易产生剪切断裂，同样韧窝的直径变化不大，而韧窝的深度却减小。

(2)解理断口。

金属在正应力作用下，由原子结合键破坏造成的沿一定晶面(解理面)快速分开的过程称为解理断口。解理断口属于脆性断口的一种，解理面通常是表面能量最小的晶面，不同的晶体结构具有不同的解理面，面心立方晶系的金属一般不发生解理断口。解理断口区宏观上没有明显的塑性变形，在太阳光下转动时可观察到反光的小刻面，属于脆性断口。严格意义上说，解理断口面上是没有任何解理特征花样的，但在实际材料中，由于各种因素的作用，解理面局部均会发生微观的塑性变形，从而形成解理台阶、河流花样、舌状花样、鱼骨状花样、扇形花样及瓦纳线等特征。

理论上在单个晶块内解理断口应是一个平面。但是实际晶体难免存在缺陷，如位错、夹杂物、沉淀相等，所以实际的解理面是一簇相互平行的(具有相同晶面指数)、位于不同高度的晶面，不同高度解理面之间存在台阶。

扫描电子显微镜观察表明，解理断口上存在许多台阶，由于解理台阶边缘形状尖锐，电子束作用体积接近甚至暴露于表面(θ角大，δ大)，因此在扫描电子显微镜图像上显得边缘异常亮。解理断口形貌如图1.26所示。

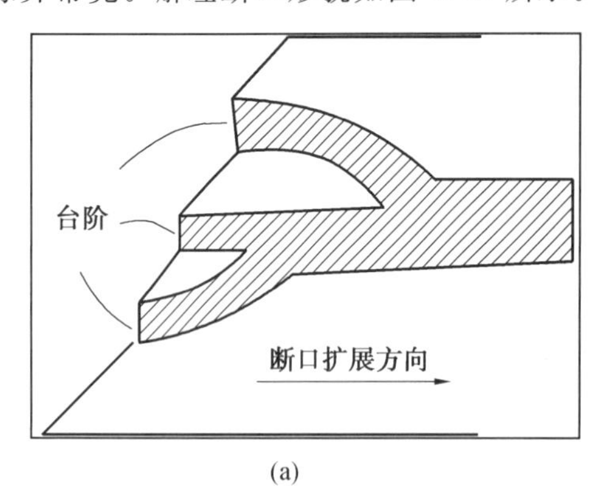

(a)

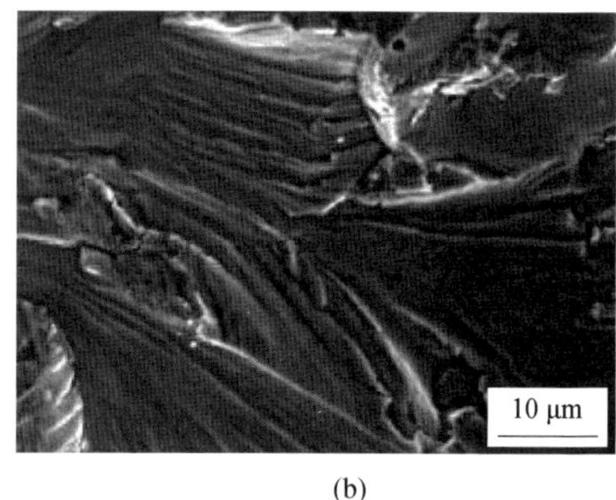

(b)

图1.26　解理断口形貌

对于河流状花样，它是解理断口最重要的特征。在解理断口的扩展过程中，众多的台阶相互汇合便形成河流状花样。它由“上游”多而较小的台阶汇合成“下游”较大的台阶。河流的流向与断口扩展方向一致。根据河流的流向，可以判定解理断口在微小区域内的扩展方向。对于实际金属材料来说，由于其大多数是多晶体，存在晶界和亚晶界，因此当解理断口穿过晶界时将发生河流的激增或突然终止。这与相邻晶块的位向和界面的性质有关。

(3)准解理断口。

准解理断口是一种穿晶断口。蚀坑技术分析表明，多晶体金属的准解理断口也是沿着原子键合力最薄弱的晶面(即解理面)进行。例如，对于体心立方金属(如钢等)，准解理断口也基本上是{100}晶面，但由于解理面上存在较大程度的塑性变形(见范性形变)，因此其不是一个严格准确的解理面。准解理断口首先在回火马氏体等复杂组织的钢中被发现。对于大多数合金钢(如Ni－Cr钢和Ni－Cr－Mo钢等)，如果发生断口的温度刚好在延性－脆性转变温度的范围内，也常出现准解理断口。从断口的微观形貌特征来看，在准解理断口中每个小解理面的微观形态颇类似于晶体的解理断口，也存在一些类似的河流花样，但在各小解理面间的连接方式上又具有某些不同于解理断口的特征，如存在一些撕裂棱等。撕裂棱是准解理断口的一种最基本的断口形貌特征。准解理断口的微观形貌特征，在某种程度上反映了解理裂纹与已发生塑性变形的晶粒间相互作用的关系。因此，对准解理断口上的塑性应变进行定量测量，有可能把它同断口有关的一些力学参数(如屈服应力、解理应力和应变硬化等)联系起来。

准解理断口虽说属于解理断口，但两者又不完全相同，因此它有解理断口变种的说法。准解理断口实质上是由许多解理面组成的，断口特征表现为有许多短而弯曲的撕裂棱线条，由点状断口源向四周放射的河流花样，断面上有凹陷和二次裂纹等。准解理断口形貌如图 1.27 所示。

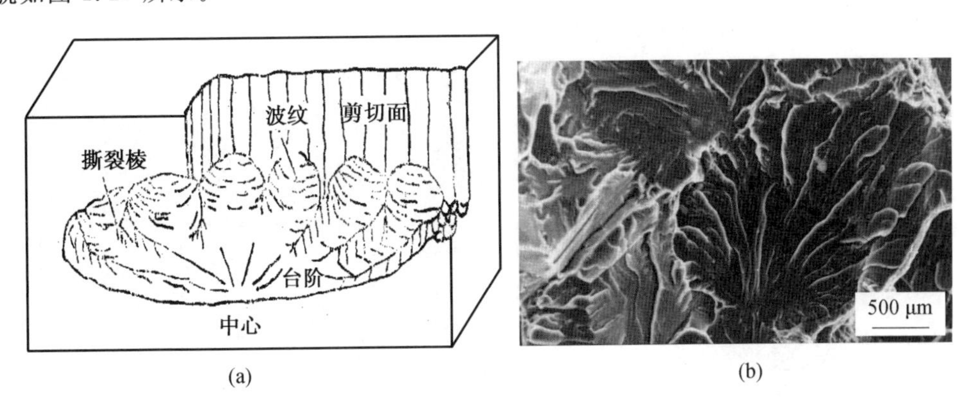

(a)　(b)

图 1.27　准解理断口形貌

(4)沿晶断口。

沿晶断口(或晶间断口)指的是多晶体沿晶粒界面彼此分离。氢脆、应力腐蚀、蠕变、高温回火脆性及焊接热裂纹等常发生晶间断口。通常沿晶断口总是脆性的。由于晶粒是多面体，因此晶间断口的主要特征是有晶界刻面的冰糖状形貌。然而，某些材料的晶间断口却显示出很大的延性，断口上除呈现晶间断口特征外，还有微坑，后者称为晶间韧性断口。氢脆(沿晶断口)是指在金属凝固的过程中，溶入其中的氢没能及时释放出来，向金属中缺陷附近扩散，到室温时原子氢在缺陷处结合成分子氢并不断聚集，从而产生巨大的内压力，使金属发生断口。图 1.28 所示为 α－Fe 经脱 C 和 N 并充氢气后的断口形貌。

图 1.28　α－Fe 经脱 C 和 N 并充氢气后的断口形貌

(5)穿晶断口。

如果晶界处有大量的脆性相或者是某些杂质粒子，将会使得晶界的强度下降从而在晶界缺陷处形成微断口，进而沿着强度较低的晶界向前扩展，最终形成沿晶断口。当晶粒内部位错急剧增加，粗糙度和驻留滑移带大量形成之后，晶粒本身强度下降，断口容易从晶粒内部萌生，进而成为穿晶断口。穿晶断口可以是宏观塑性断口，也可以是宏观脆性断口。如低碳钢样品在室温下进行拉伸实验时的断口即穿晶断口。穿晶断口一般是韧性断口，材料断口前已经承受过大量的塑性变形；但也有可能是脆性断口。其断口机制包括剪切断口、解理断口和准解理断口(图 1.29)。

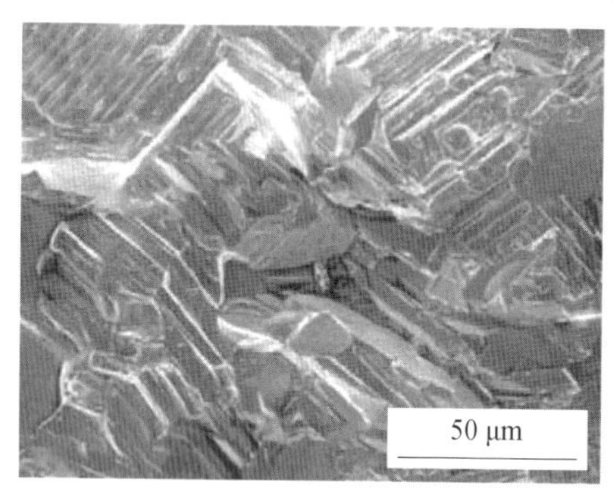

(a) B-In 合金的穿晶断口

10 μm

(b) 锆钛酸铅的穿晶断口

图 1.29　穿晶断口形貌

4. 其他特殊断口分析

除上述典型断口形貌外，还有一些特殊的断口形貌，如复合材料断口形貌(图 1.30)和涂层材料断口形貌(图 1.31)等。

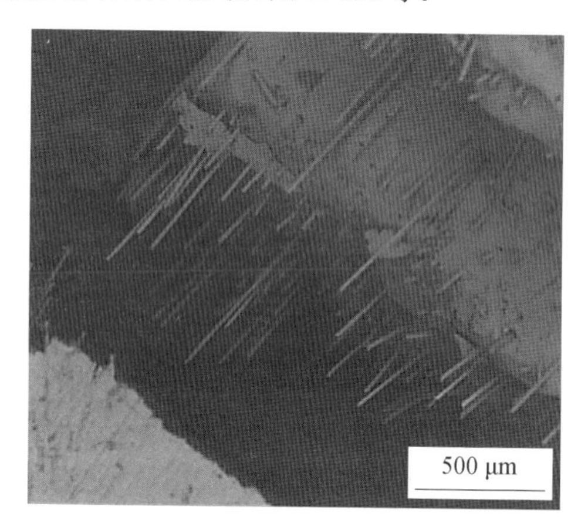

(a) 纤维增强树脂复合材料

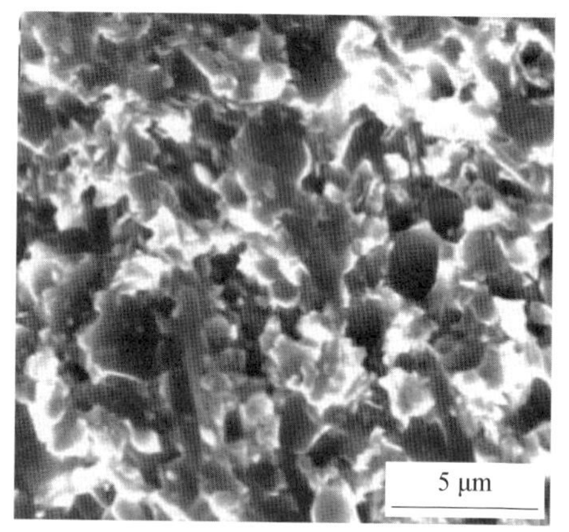

(b) 碳化硅/氮化硼复合材料

图 1.30　复合材料断口形貌

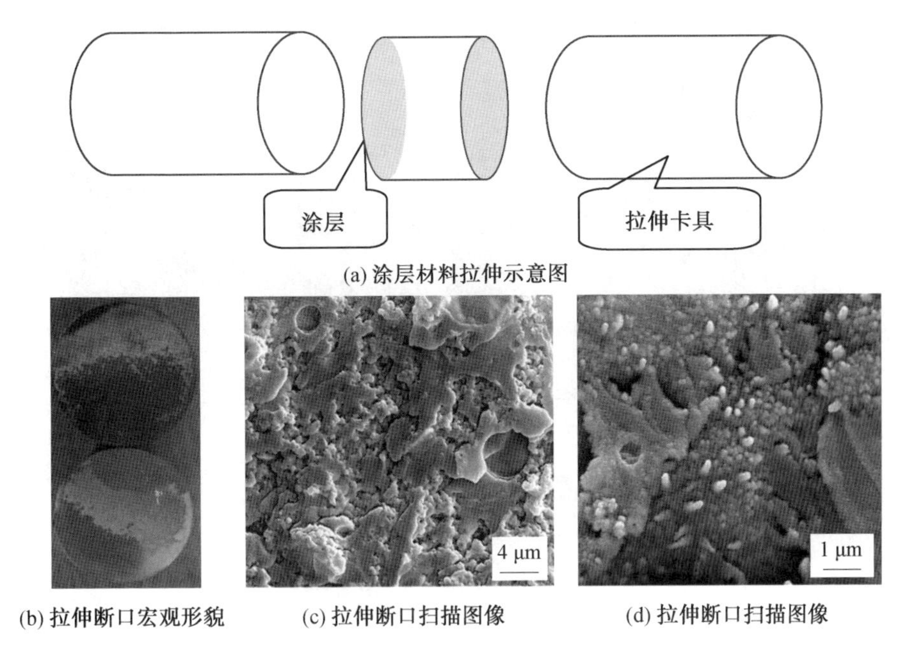

(a) 涂层材料拉伸示意图

(b) 拉伸断口宏观形貌　(c) 拉伸断口扫描图像　(d) 拉伸断口扫描图像

图 1.31　涂层材料断口形貌

三、实验报告要求

(1)描述常见金属断口形貌的典型特征。

(2)描绘双相钢的冲击断口和疲劳断口形貌。

实验五　电子探针基本结构、工作原理及操作

一、实验目的

(1)结合电子探针仪实物,介绍其结构特点和工作原理,加深对电子探针的了解。

(2)选用合适的样品,通过实际操作演示,以了解电子探针分析方法及应用。

二、电子探针基本结构、工作原理及操作

1. 概述

1949 年法国 Castaing 与 Guinier 将一架静电型电子显微镜改造成电子探针仪。1951 年 Castaing 的博士论文奠定了电子探针分析技术的仪器、原理、实验和定量计算的基础,其中较完整地介绍了原子序数、吸收、荧光修正测量的方法,被誉为 EPMA 显微分析这一学科的经典论文。1956 年,英国剑桥大学卡文迪许实验室设计和制造了第一台扫描电子探针。1958 年法国 CAMECA 公司提供第一台电子探针商品仪器,取名为MS－85。现在世界上生产电子探针的厂家主要有三家,即日本岛津公司 SHIMADZU、日本电子公司

JEOL 和法国的 CAMECA 公司。常见电子探针型号及外形图如图 1.32 所示。

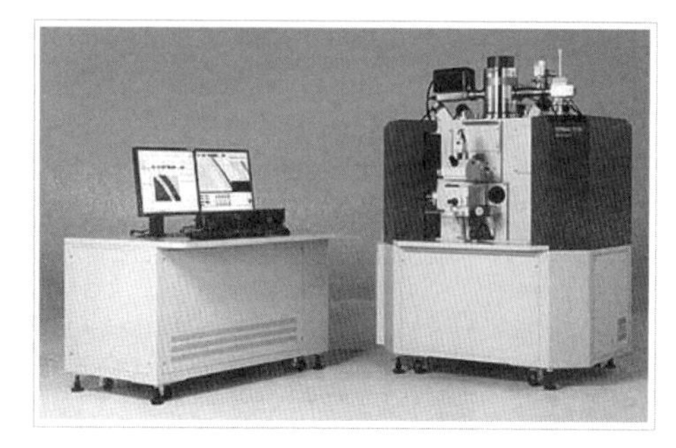

(a) 电子探针EPMA-1720（日本岛津）

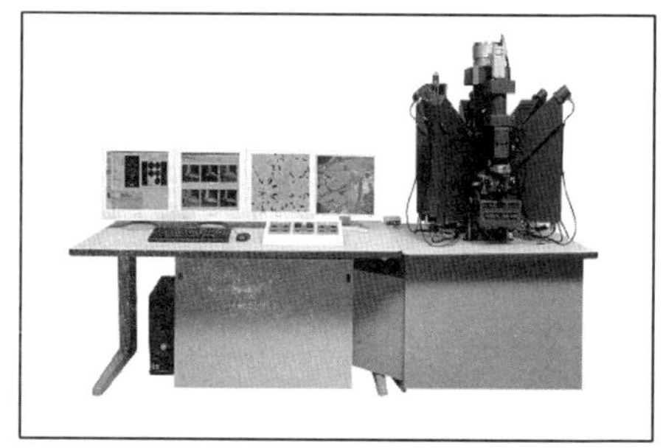

(b) 法国CAMECA公司SXFiveFE

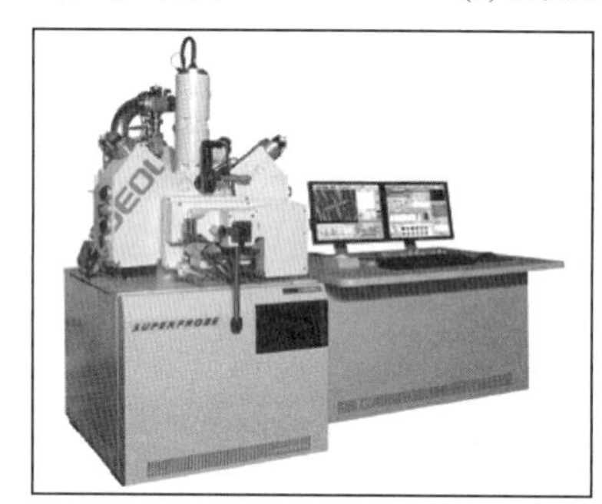

(c) JEOL EPMA 电子探针显微分析仪JXA-8230

图 1.32　常见电子探针型号及外形图

随着科学技术的发展，电子探针显微分析技术进入了一个新的阶段，电子探针向高自动化、高灵敏度、高精确度、高稳定性的方向发展。现在的电子探针为波谱仪和能谱仪的组合仪，用一台计算机同时控制 WDS 和 EDS，结构简单、操作方便。

2. 电子探针的结构特点及原理

电子探针的全称为电子探针 X 射线显微分析（Electron Probe Micro-Analysis，EPMA），是电子光学和 X 射线光谱的结合产物。它用一束聚焦得很细（50 nm～1 μm）的加速到 5～30 kV 的电子束，轰击用光学显微镜选定的待分析样品上的某个“点”（一般直径为 1～50 μm），利用样品受到轰击时发射的 X 射线的波长及强度，来确定分析区域中的化学组成。EPMA 是一种显微分析和成分分析相结合的微区分析，它特别适用于分析样品中微小区域的化学成分，因而是研究材料组织结构和元素分布状态的极为有用的分析方法。

电子探针主要结构包括电子束照射系统（电子光学系统）、样品台、X 射线分光（色散）系统、真空系统、计算机系统（仪器控制与数据处理）。电子探针结构示意图如图 1.33 所示。

（1）电子光学系统与观察。

产生电子束照射样品的部分称为照射系统或电子光学系统（Electro Optical System，

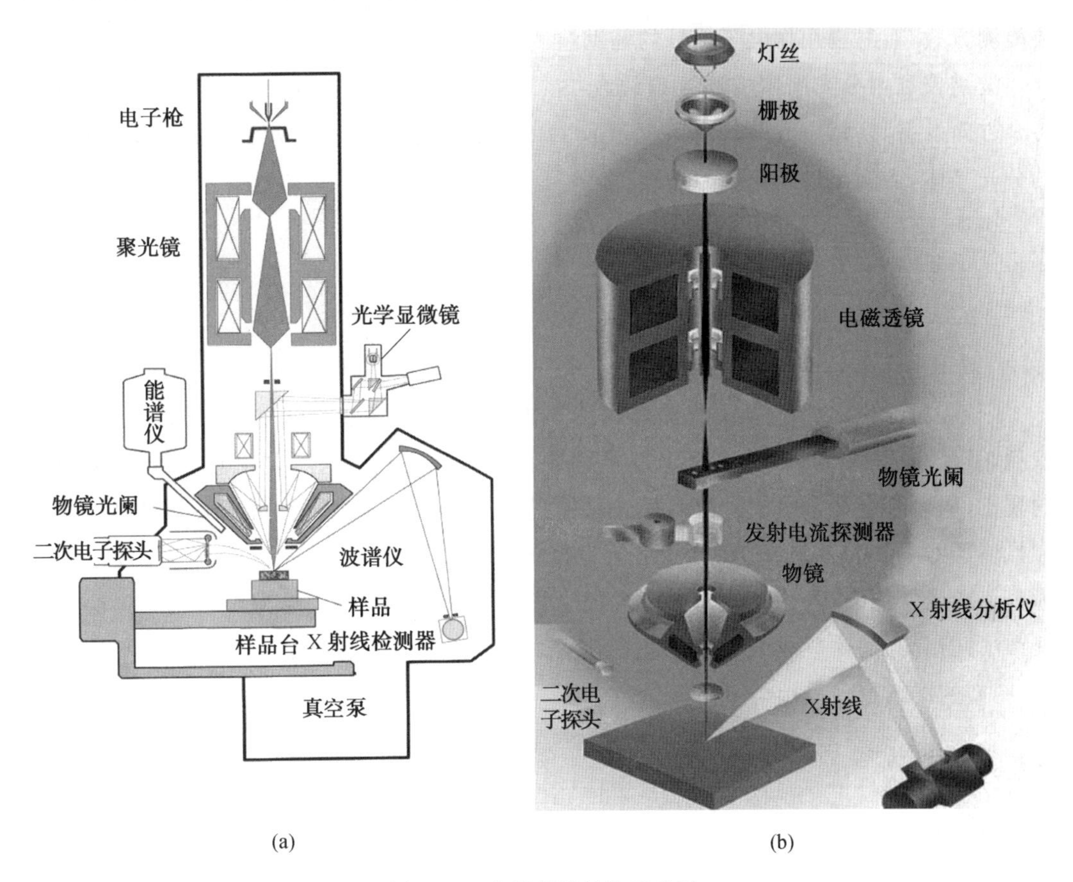

(a)　　(b)

图1.33　电子探针结构示意图

EOS)，保持在 $10^{-3}\sim10^{-4}$ Pa的真空系统中。电子束从由灯丝、栅极、阳极组成的电子枪中发射出来(一般加速电压为1～40 kV)，通过电磁透镜、物镜聚焦为极细的电子束(束斑直径为4 nm～100 μm)照射在样品上。为了将电子束照射到样品上任意需要分析的点，安装有样品可以做水平、上下及旋转等运动的样品台。扫描线圈控制电子束在样品上扫描，得到与扫描电子显微镜一样的背散射电子或二次电子像。当扫描线圈控制电子束在样品表面进行扫描时，由于电子与样品之间的作用，产生各种信息(量子)，量子的生产率是随着样品的物质组成、几何形状及其他物理性质的不同而发生变化的。利用二次电子强度(二次电子检测器的电信号)得到样品的形貌像。另外，利用特征X射线强度(一个X射线量子显示一个亮点，随着样品元素种类和含量多少的不同，亮点的密集程度产生变化)得到元素成分的X射线图。

(2)X射线分光(色散)系统。

X射线分光(色散)系统分为两种。一种是利用分光晶体衍射检测特征X射线波长的波长色散型谱仪(Wave Length Dispersive Spectrometer，WDS)，简称波谱仪，是电子探针主要的检测方式。另一种是利用半导体检测器直接检测X射线能量的能量色散型谱仪(Energy Dispersive Spectrometer，EDS)，简称能谱仪，一般是扫描电子显微镜的主要检测方式，有时也用作电子探针的辅助检测手段。

波谱仪利用分光晶体检测 X 射线波长。在样品内激发的 X 射线，向样品表面以外的各个方向发射，且每一方向均有不同波长的 X 射线，在样品上方放置一块晶面间距为 d 的分光晶体，需满足如下布拉格方程：

$$2d\sin\theta = n\lambda \tag{1.1}$$

式中 d——分光晶体的晶面间距；

θ——X 射线照射分光晶体的入射角；

n——分光晶体产生的衍射级数。

一定波长的 X 射线，从分光晶体到达气体电离型 X 射线检测器（正比计数管）进行检测，一个 X 射线光子产生一个电信号脉冲。这样就可以得到所要检测的特征 X 射线的波长，从而判定元素组成。若将分光晶体进行弹性弯曲，并将射线源 S、分光晶体表面和检测器 D 置于同一圆周上，可使衍射束聚焦从而提高检测效率。图 1.34 中虚线圆称为罗兰圆或聚焦圆，若分光晶体弯曲半径为聚焦圆半径的 2 倍，称为约翰型聚焦法或半聚焦法；若分光晶体弯曲半径与聚焦圆半径相等，称为约翰逊型聚焦法或全聚焦法。目前，新型的波谱仪多采用全聚焦法。

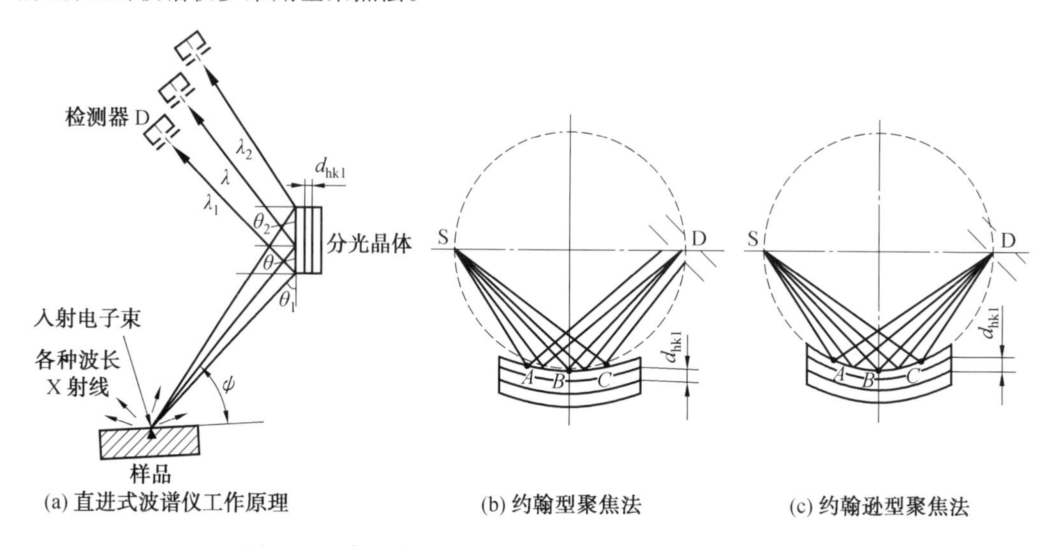

图 1.34 直进式波谱仪工作原理和弹性弯曲的分光晶体

波谱仪又分为直进式波谱仪和回转式波谱仪，如图 1.35 所示。直进式波谱仪：分光晶体沿直线移动，工作原理如图 1.35(a)所示。分光晶体位置 L、聚焦圆半径 R 满足 $L = 2R\sin\theta$，由已知 L 和 R 求出 θ，再利用布拉格方程计算特征 X 射线波长 λ。直进式波谱仪优点是检测不同波长的 X 射线时，可保持出射角 ψ 不变，有利于定量分析时的吸收修正；直进式波谱仪缺点是结构较复杂，且占据较大空间。如图 1.35(b)所示，回转式波谱仪检测不同波长 X 射线时，分光晶体在聚焦圆周上移动，检测器以相应的 2 倍的角速度在同一圆周上移动。回转式波谱仪优点是结构简单；缺点是接收不同波长 X 射线时，出射角 ψ

将发生改变，不利于定量分析时的吸收修正。常用分光晶体数据及其适用的波长范围见表 1.1。

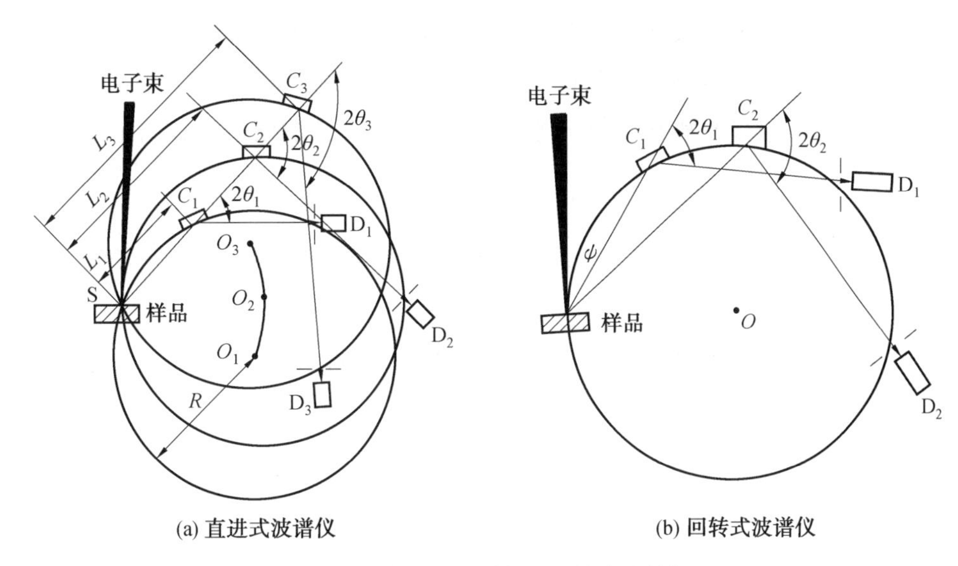

(a) 直进式波谱仪　　(b) 回转式波谱仪

图 1.35　直进式波谱仪和回转式波谱仪

表 1.1　常用分光晶体数据及其适用的波长范围

分光晶体	晶　面	$2d$/nm	适用波长 λ/nm
LiF	(200)	0.402 67	0.08～0.38
SiO_2	(10－11)	0.668 62	0.11～0.63
PET	(002)	0.874	0.14～0.83
RAP	(001)	2.612 1	0.20～1.83
KAP	(10－10)	2.663 2	0.45～2.54
TAP	(10－10)	2.59	0.61～1.83
硬脂酸铅	—	10.08	1.7～9.4

能谱仪利用半导体检测器测量 X 射线的能量。X 射线使半导体检测器（通常是 Si(Li)检测器）产生正比数量的电子/正空位对（电信号）。利用波高分析器鉴别这些电信号，根据已知的 X 射线能量值，可以判定元素组成。能谱仪半导体检测器见第 2 章。

(3)计算机系统。

计算机系统用于控制产生照射样品的电子束电子光学系统的电磁透镜系统、样品台驱动系统、X 射线分光系统、X 射线检测器系统等，以及各种信号数据的采集，定性、定量分析的各种物理修正，计算面分析等的各种图像处理软件（分析程序的应用），所使用的计算机有个人计算机、工作站等。在面分析数据量庞大的情况下，要使用大型计算机。计算机系统发展迅速，快速、复杂的修正计算可以在瞬间完成。数据可以在彩色显示器上显示，并可以进行连续的、无人值守的自动测定与分析。

3. 定性及定量分析原理

样品室内安装的X射线分光系统用于X射线的分光和检测。电子束照射样品表面产生的X射线由连续谱X射线和特征X射线组成。连续谱X射线是电子减速时产生的韧致辐射。特征X射线是组成样品元素固有的，其波长 λ 与原子序数满足 Moseley 法则，即

$$\frac{1}{\lambda}=C\,(Z-\sigma)^2 \tag{1.2}$$

式中　C、σ——常数。

如果用X射线分光系统测定波长 λ，就可以知道原子序数 Z，因此可以判定样品组成元素。

由于X射线的波长 λ 与能量 E(keV) 之间的关系为

$$E=\frac{12.298}{\lambda_{(A)}} \tag{1.3}$$

因此，测量能量值也可知元素组成。

为了测定样品中组成元素的含量，利用X射线计数器，对检测的X射线信号进行X射线强度计数。样品中A元素的相对含量 C_A 与该元素产生的特征X射线的强度 I_A（X射线计数）成正比，即

$$C_A \propto I_A \tag{1.4}$$

如果在相同的电子探针分析条件下，同时测量样品和已知成分的标样中A元素的同名X射线（如Kα线）强度，经过修正计算，就可以得出样品中A元素的相对原子百分数 C_A，即

$$C_A=K\,\frac{I_A}{I_{(A)}} \tag{1.5}$$

式中　K——常数。

根据不同的修正方法 K 可用不同的表达式表示，I_A 和 $I_{(A)}$ 分别为样品中和标样中A元素的特征X射线强度，同样方法可求出样品中其他元素的百分含量。

4. 电子探针的特点

(1) 电子探针是利用检测电子束照射样品产生的特征射线来判定元素的，为非破坏性分析。利用极微细的电子束可以进行微米量级的微区分析，也可以利用电子束扫描分析数百微米的区域，还可以利用样品台扫描分析厘米量级（1～10 cm）的大面积。

(2) 电子探针除了检测特征X射线进行元素组成的定性、定量分析以外，还可以利用与原子序数有关的背散射电子得到成分像，也可以利用扫描电子束得到二次电子的形

貌像。另外，利用电子束照射产生的阴极发光，可以对矿物样品、半导体器件和各种高分子材料进行各种分析。

(3) 电子探针是包括电子光学、精密仪器、真空、光学、分光(光谱色散)、放射性计测、照相和计算机等工艺技术的综合性仪器。

(4) 电子探针不仅可用于基础研究的分析，也可广泛用于生产线的检验、品质管理的分析，以及能源、环境等检测。特别是应用于金属固熔体相、相变、晶界、偏析物、夹杂物等；地质的矿物、岩石、矿石和陨石等；陶瓷、水泥、玻璃；化学催化剂和石油化工，高分子材料，涂料等；生物的牙齿、骨骼组织；半导体材料、集成电路、电器产品等领域的非破坏性的元素分析和观察。

(5) 电子探针与扫描电子显微镜的共同点是均可以得到二次电子像(SEI)、背散射电子像(BSEI)，用于寻找分析区域；不同点是电子探针的波谱仪可以获得更低的检出限，且超轻元素($_5B \sim _9F$) 定量分析准确度远高于扫描电子显微镜上的能谱仪。

三、电子探针的分析操作及过程

电子探针有三种基本工作方式：①点分析，用于选定点的全谱定性分析或定量分析以及对其中所含元素进行定量分析；②线分析，用于显示元素沿选定直线方向上的浓度变化；③面分析，用于观察元素在选定微区内的浓度分布。

1. 实验条件

(1)样品。

样品表面要求平整，必须进行抛光；样品应具有良好的导电性，对于不导电的样品，表面需喷镀一层不含分析元素的薄膜。实验时要准确调整样品的高度，使样品分析表面位于分光谱仪聚焦圆的圆周上。

(2)加速电压。

电子探针电子枪的加速电压一般为 3～50 kV，分析过程中加速电压的选择应考虑待分析元素及其谱线的类别。原则上加速电压一定要大于被分析元素的临界激发电压，一般选择加速电压为分析元素临界激发电压的 2～3 倍。若加速电压选择过高，将导致电子束在样品深度方向和侧向的扩展增加，使 X 射线激发体积增大，空间分辨率下降。同时过高的加速电压将使背底强度增大，影响微量元素的分析精度。

(3)电子束流。

特征 X 射线的强度与入射电子束流呈线性关系。为提高 X 射线信号强度，电子探针必须使用较大的入射电子束流，特别是在分析微量元素或轻元素时，更需选择大的束流，以提高分析灵敏度。在分析过程中要保持束流稳定，在定量分析同一组样品时应控制束流条件完全相同，以获取准确的分析结果。

（4）分光晶体。

实验时应根据样品中待分析元素及X射线线系等具体情况，选用合适的分光晶体。常用的分光晶体及其检测波长的范围可查阅有关表。这些分光晶体配合使用，检测X射线信号的波长范围为0.1～11.4 nm。波长分散谱仪的波长分辨率很高，可以将波长十分接近（相差约0.000 5 nm）的谱线清晰地分开。

2. 实验操作过程

（1）点分析。

① 全谱定性分析。驱动分光谱仪的晶体连续改变衍射角θ，记录X射线信号强度随波长的变化曲线。检测谱线强度峰值位置的波长，即可获得样品微区内所含元素的定性结果。电子探针分析的元素范围可从铍（序数4）到铀（序数92），检测的最低浓度（灵敏度）大致为10^{-4}，空间分辨率约在微米数量级。全谱定性分析往往需要花费很长时间。

② 半定量分析。在分析精度要求不高的情况下，可以进行半定量计算。根据元素的特征X射线强度与元素在样品中的浓度成正比的假设条件，忽略了原子序数效应、吸收效应和荧光效应对特征X射线强度的影响。实际上，只有样品是由原子序数相邻的两种元素组成的情况下，这种线性关系才能近似成立。在一般情况下，半定量分析可能存在较大的误差，因此其应用范围受到限制。

③ 定量分析。样品原子对入射电子的背散射，使能激发X射线信号的电子减少；此外，入射电子在样品内要受到非弹性散射，使能量逐渐损失，这两种情况均与样品的原子序数有关，这种修正称为原子序数修正。由入射电子激发产生的X射线，在射出样品表面的路程中与样品原子相互作用而被吸收，使实际接收到的X射线信号强度降低，这种修正称为吸收修正。在样品中由入射电子激发产生的某元素的X射线，当其能量高于另一元素特征X射线的临界激发能量时，将激发另一元素产生特征X射线，结果使得两种元素的特征X射线信号的强度发生变化。这种由X射线间接地激发产生的元素特征X射线称为二次X射线或荧光X射线，这种修正称为荧光修正。

在定量分析计算时，对接收到的特征X射线信号强度必须要进行原子序数修正（Z）、吸收修正（A）和荧光修正（F），这种修正方法称为ZAF修正。采用ZAF修正法进行定量分析所获得的结果，相对精度一般可达1%～2%，这在大多数情况下是足够的。但是，对于轻元素（O、C、N、B等）的定量分析结果还不能令人满意，在ZAF修正计算中往往存在相当大的误差，分析时应该引起注意。具体ZAF修正理论见有关参考书。

（2）线分析。

使入射电子束在样品表面沿选定的直线扫描，谱仪固定接收某一元素的特征X射线信号，其强度在这一直线上的变化曲线，可以反映被测元素在此直线上的浓度分布，线分析法较适用于分析各类界面附近的成分分布和元素扩散。实验时，首先在样品上选定的区域照一张背散射电子像（或二次电子像），再把线分析的位置和线分析结果照在同一张底片上，也可将线分析结果照在另一张底片上。图 1.36(a)所示为 Ni 基合金中 γ/γ′共晶附近二次电子形貌，图 1.36(b)所示为图 1.36(a)中白线对应的元素线扫描结果。其中共晶体之间 Mo 元素和 Cr 元素含量较高。

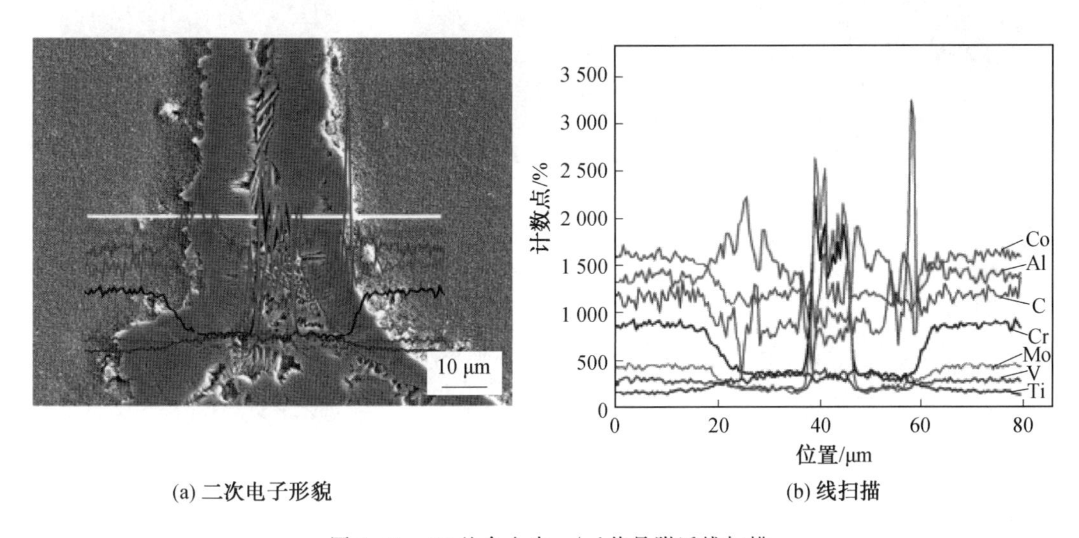

(a) 二次电子形貌　(b) 线扫描

图 1.36　Ni 基合金中 γ/γ'共晶附近线扫描

(3)面分析。

使入射电子束在样品表面选定的微区内做光栅扫描，谱仪固定接收某一元素的特征 X 射线信号，并以此调制荧光屏的亮度，可获得样品微区内被测元素的分布状态。元素的面分布图像可以清晰地显示与基体成分存在差别的第二相和夹杂物，能够定性地显示微区内某元素的偏析情况。在显示元素特征 X 射线强度的面分布图像中，较亮的区域对应样品的位置该元素含量较高（富集），较暗的区域对应的样品位置该元素含量较低（贫化）。

图 1.37 所示为 Ni 基合金中细小棒状相的各元素的面分布图像。可见合金中存在大量的细小棒状相，其成分主要是 C、Mo 和 Ti 等，推测为碳化物，但还需要进一步的结构分析。

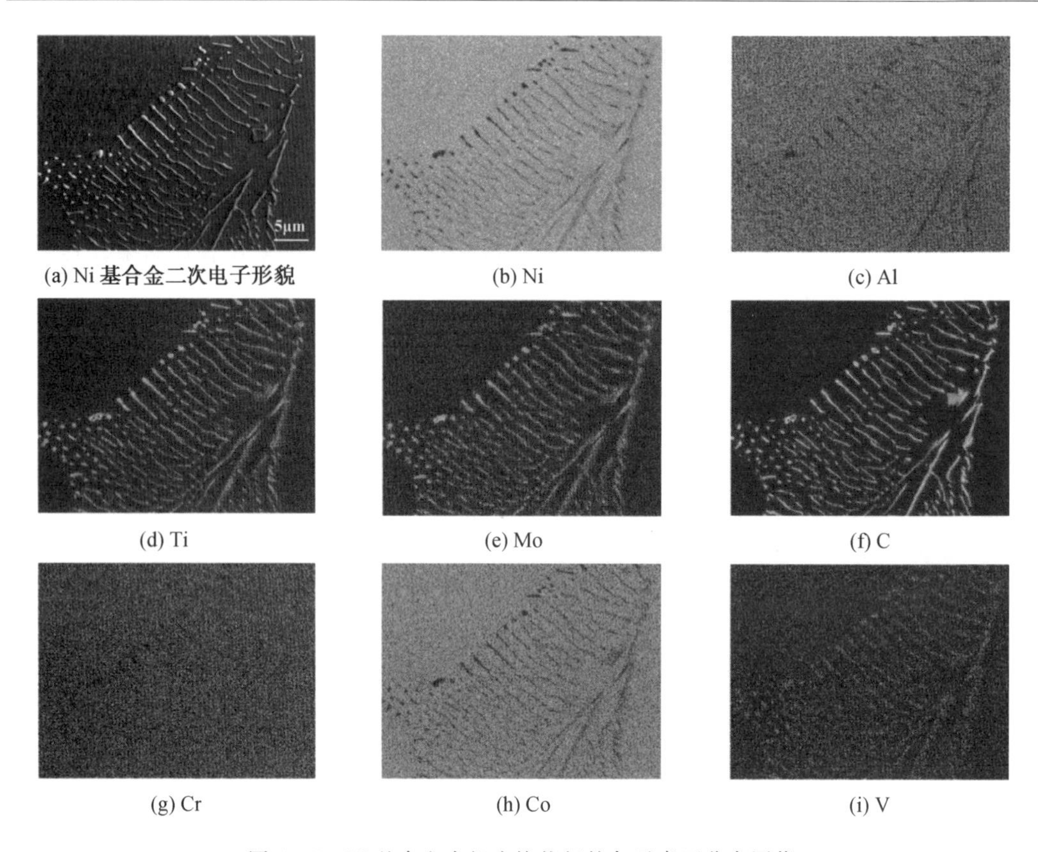

(a) Ni 基合金二次电子形貌　(b) Ni　(c) Al

(d) Ti　(e) Mo　(f) C

(g) Cr　(h) Co　(i) V

图 1.37　Ni 基合金中细小棒状相的各元素面分布图像

四、实验报告要求

(1)简述电子探针的分析原理。

(2)为什么电子探针应使用抛光样品?

(3)举例说明电子探针在材料研究中的应用。

第2章　扫描电子显微镜附属设备结构、原理及操作

实验一　能谱仪的基本结构、工作原理及操作

一、实验目的

(1)了解能谱仪的基本结构与工作原理。

(2)掌握能谱仪的操作过程。

二、能谱仪的基本结构与工作原理

1. 概述

在现代的扫描电子显微镜和透射电子显微镜中，能谱仪是一个重要的附件，它同主机共用一套光学系统，可对材料中感兴趣部位的化学成分进行点分析、线分析和面分析。它的主要优点有：①分析速度快，效率高，能同时对原子序数在11～92之间的所有元素(甚至C、N、O等超轻元素)进行快速定性、定量分析；②稳定性好，重复性好；③能用于粗糙表面的成分分析(断口等)；④能对材料中的成分偏析进行测量等。

2. 能谱仪的工作原理

探头接受特征X射线光信号→把特征X射线光信号转变成具有不同高度的电脉冲信号→放大器放大信号→多道脉冲分析器把代表不同能量(波长)X射线的脉冲信号按高度编入不同频道→在荧光屏上显示谱线→利用计算机进行定性和定量计算。

3. 能谱仪的结构

(1)探测头。探测头把X射线光信号转换成电脉冲信号，脉冲高度与X射线光子的能量成正比。

(2)放大器。放大器放大电脉冲信号。

(3)多道脉冲高度分析器。多道脉冲高度分析器把脉冲按高度编入不同频道，也就是说，把不同的特征X射线按能量不同进行区分。

(4)信号处理和显示系统。信号处理和显示系统主要包括鉴别谱、定性、定量计算；记录分析结果。

4. 能谱仪的分析技术

(1)定性分析。

能谱仪的谱图中谱峰代表样品中存在的元素。定性分析是分析未知样品的第一步，即鉴别所含的元素。如果不能正确地鉴别元素的种类，最后定量分析的精度就毫无意义。通常能够可靠地鉴别出一个样品的主要成分，但对于确定次要或微量元素，只有认真地处理谱线干扰、失真和每个元素的谱线系等问题，才能做到准确无误。定性分析又分为自动定性分析和手动定性分析，其中自动定性分析是根据能量位置来确定峰位，直接单击"操作/定性分析"按钮，即可在谱的每个峰位置显示出相应的元素符号。自动定性分析识别速度快，但由于谱峰重叠干扰严重，因此会产生一定的误差。

(2)定量分析。

定量分析是通过X射线强度来获取组成样品材料的各种元素的浓度。根据实际情况，人们寻求并提出了测量未知样品和标样强度比的方法，再把强度比经过定量修正换算成浓度比。最广泛使用的一种定量修正技术是ZAF修正。在多数情况下是将电子束只打到样品的某一点上，得到这一点的X射线谱和成分含量，称为点分析方法。在近代的新型扫描电子显微镜中，大多可以获得样品某一区域的不同成分分布状态，即用扫描观察装置，使电子束在样品上做二维扫描，测量其特征X射线的强度，使与这个强度对应的亮度变化与扫描信号同步在阴极射线管CRT上显示出来，就得到特征X射线强度的二维分布的像。这种分析方法称为元素的面分布分析方法，它是一种测量元素二维分布非常方便的方法。

三、能谱仪的操作过程

1. 实验设备

实验设备为FEI Quanta 200F。

2. 实验内容与操作步骤

(1)确定样品高度。

样品台高度调节：首先把图像调清楚，观察图像下方的WD数值，把数值调到10左右。

(2)打开能谱软件(图2.1)。

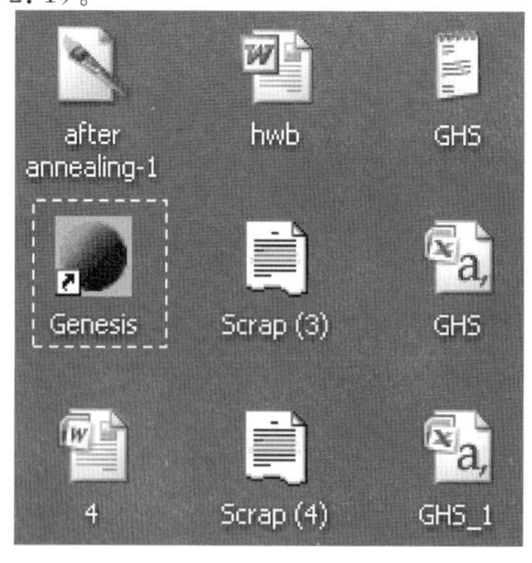

图2.1　能谱软件操作界面

(3)选择二次电子或者背散射模式(图 2.2)

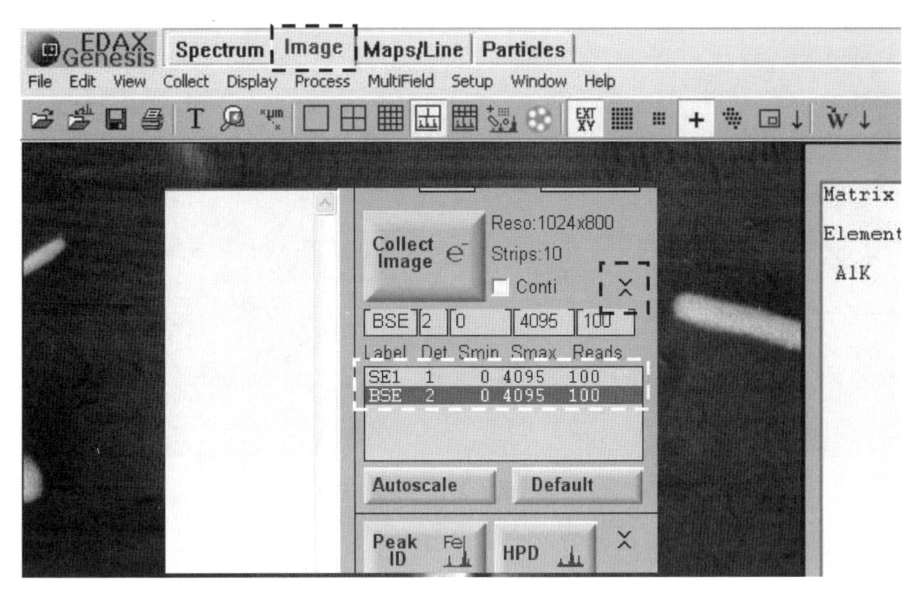

图 2.2　二次电子或者背散射模式选择界面

(4)抓图(图 2.3)。

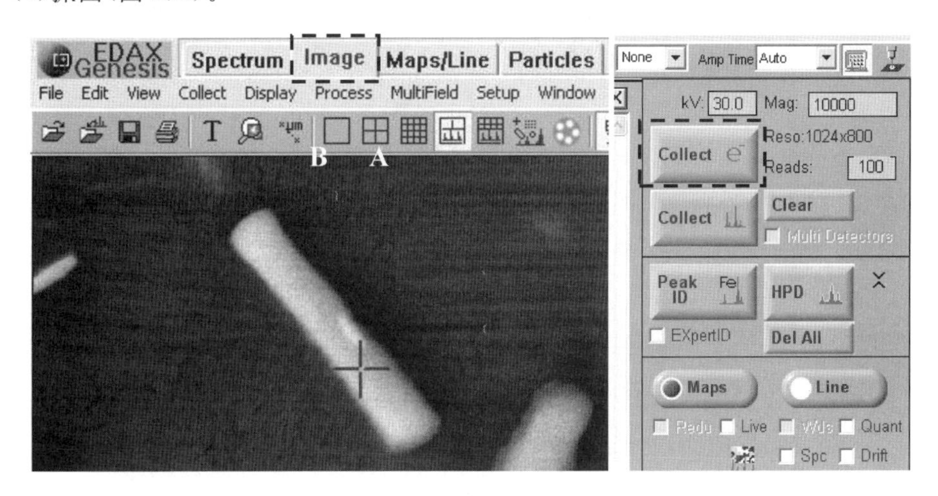

图 2.3　抓图操作界面

(5)点分析和区域平均成分分析。

①点分析,单击 A 按钮;画框平均成分分析,单击 B 按钮。能谱点分析模式界面如图 2.4 所示。

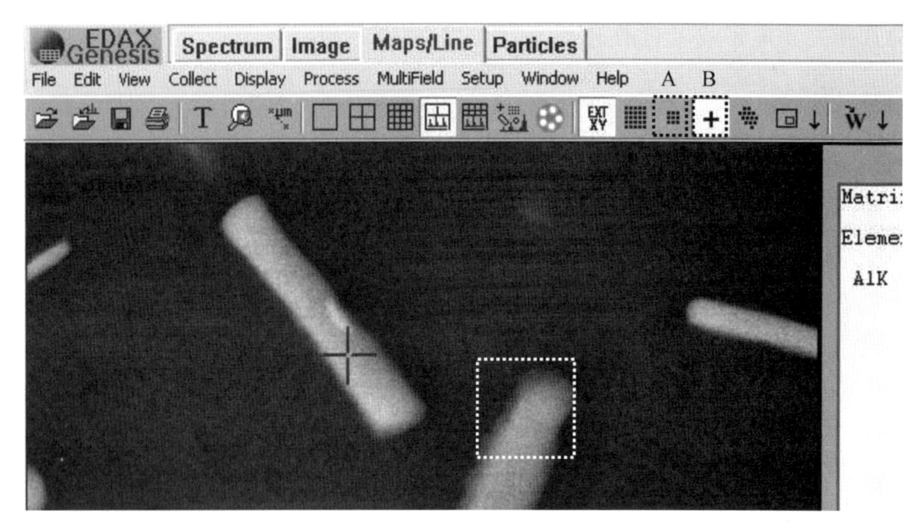

图 2.4　能谱点分析模式界面

②成分采集。先单击 A 按钮清除已有谱线，再单击 B 按钮采集。谱线无明晰变化时，停止采集，再单击 B 按钮。成分采集操作界面如图 2.5 所示。

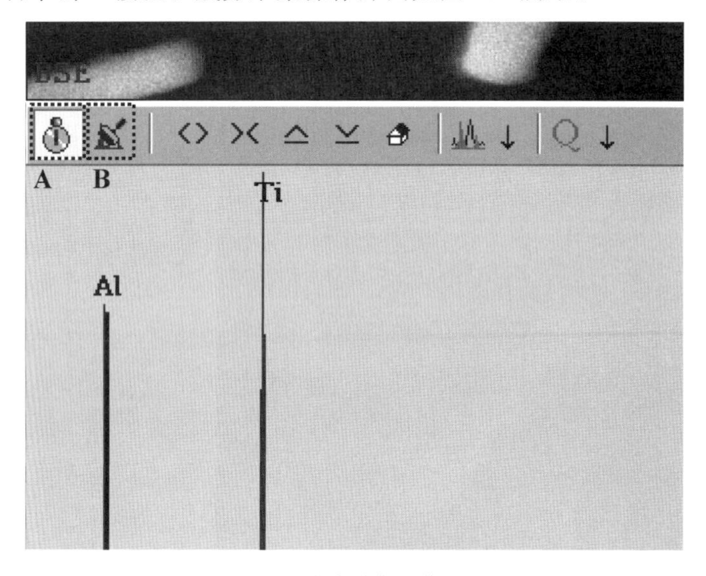

图 2.5　成分采集操作界面

③成分标定。单击 A 按钮，出现 C、D、E 三个区域。单击 B 按钮，标定能谱峰的位置。在 E 区输入元素，按回车键，也可以用鼠标左键单击峰的位置，在 D 区就会出现相应的物质，单击 Add 按钮。不对的元素在 C 区可以删除。成分标定操作界面如图 2.6 所示。

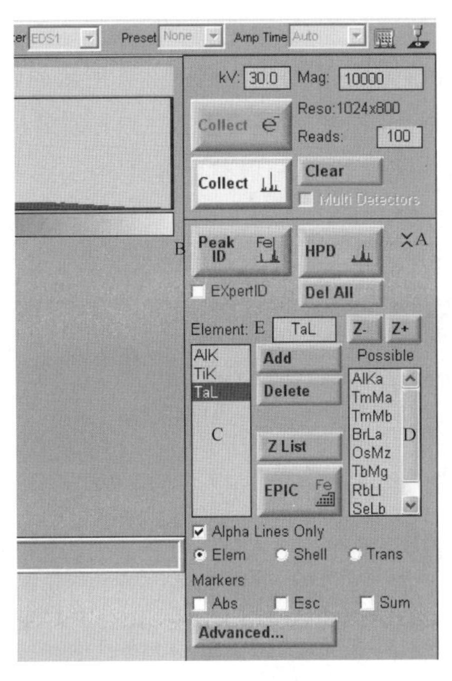

图 2.6　成分标定操作界面

④定量计算与数据保存。

定量计算，单击 A 按钮后出现 B 画面，然后单击 C 按钮出现 D 画面，将计算结果保存在 Word 中。定量计算与数据保存操作界面如图 2.7 所示。

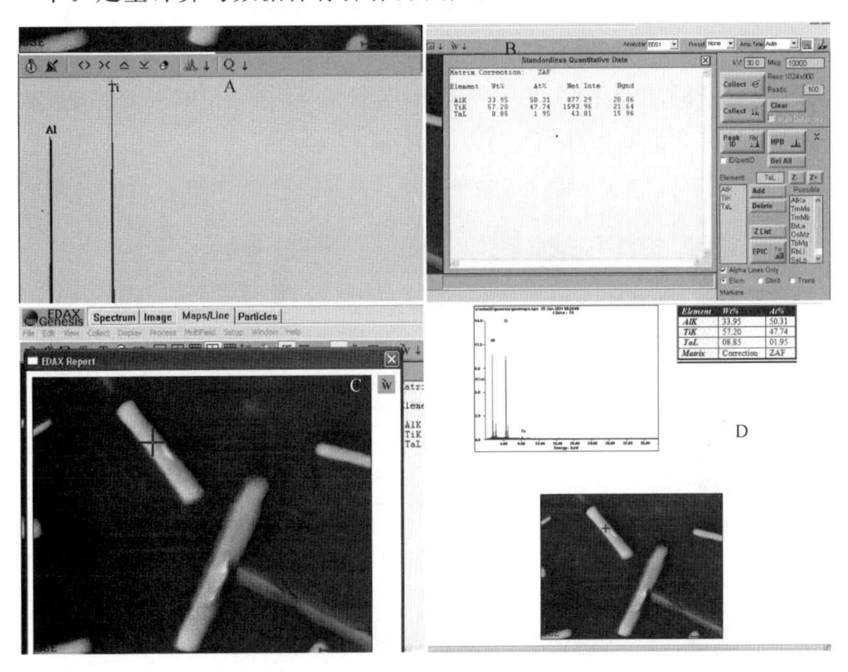

图 2.7　定量计算与数据保存操作界面

(6)线扫描。

首先进行数据采集,先确定成分,可以按照图 2.6 所示的操作进行。接着单击 A,选中 Line;单击 B,勾选 Quant;单击 C,在屏幕上按住鼠标左键从左到右画线,尽量满屏;单击 D,输入先扫描的点数,并按回车键,一般整个屏幕 200 点,根据画线的长度决定;单击 E,输入 1 500,并按回车键;单击 F Collect Line,线扫描。其间出现对话框一律单击 Yes 按钮,并保存数据。结束之后点单击 G。线扫描数据采集操作界面如图 2.8 所示。

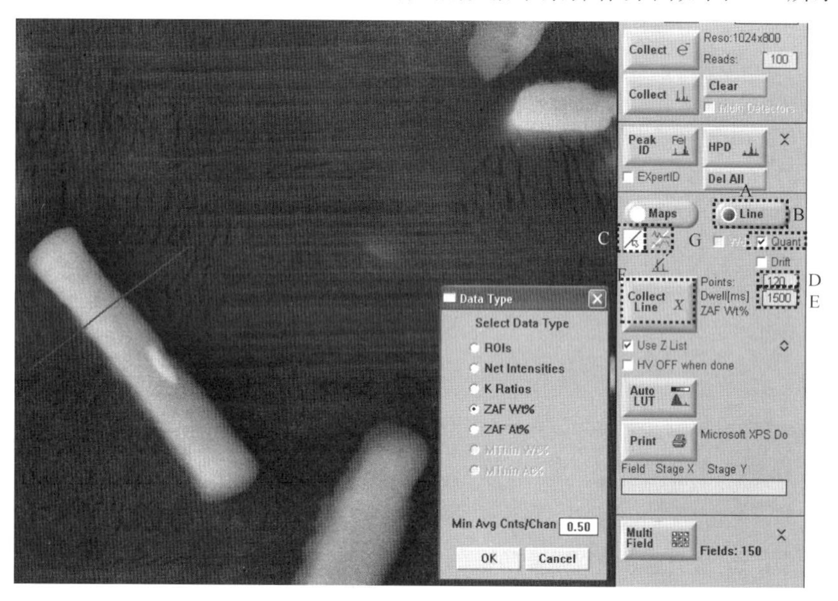

图 2.8　线扫描数据采集操作界面

然后进行数据分析,单击图 2.8 中 G 后出现下面对话框,先单击 B 按钮,然后再单击 A 按钮。线扫描数据分析操作界面如图 2.9 所示。

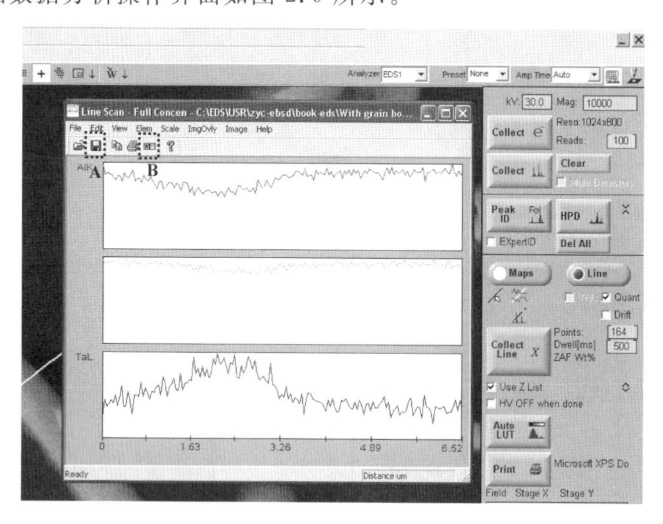

图 2.9　线扫描数据分析操作界面

最后进行数据保存，单击图 2.9 中 A 按钮后出现下面对话框，将分析结果保存到对应文件夹中。线扫描数据保存操作界面如图 2.10 所示。

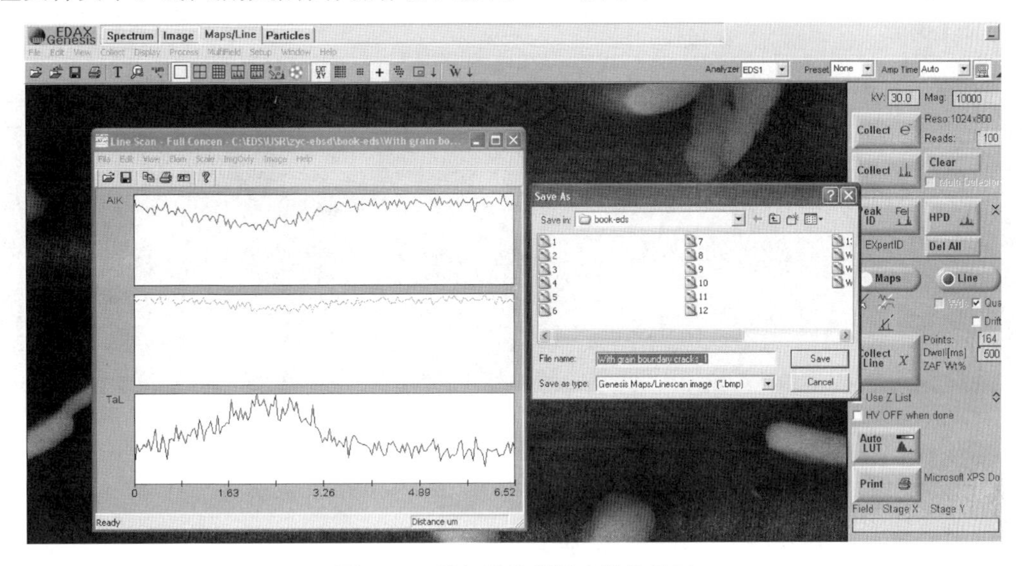

图 2.10　线扫描数据保存操作界面

(7)元素面分布。

首先进行数据采集，先确定成分，可以按照图 2.6 的操作进行。接着单击 Maps 将其选中；Live、Quant、Spc、Drift 都不要勾选；Reso 可右键设置分辨率；Dwell 设置为 3～5 后按回车键；单击 Collect Maps 按钮。元素面分布数据采集操作界面如图 2.11 所示。

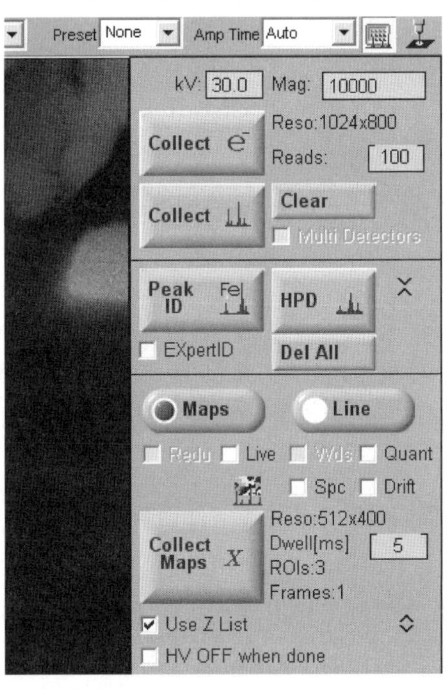

图 2.11　元素面分布数据采集操作界面

然后进行数据保存，出现对话框单击 Yes 或者确定按钮，并保存图片到相应文件夹。元素面分布数据保存操作界面如图 2.12 所示。

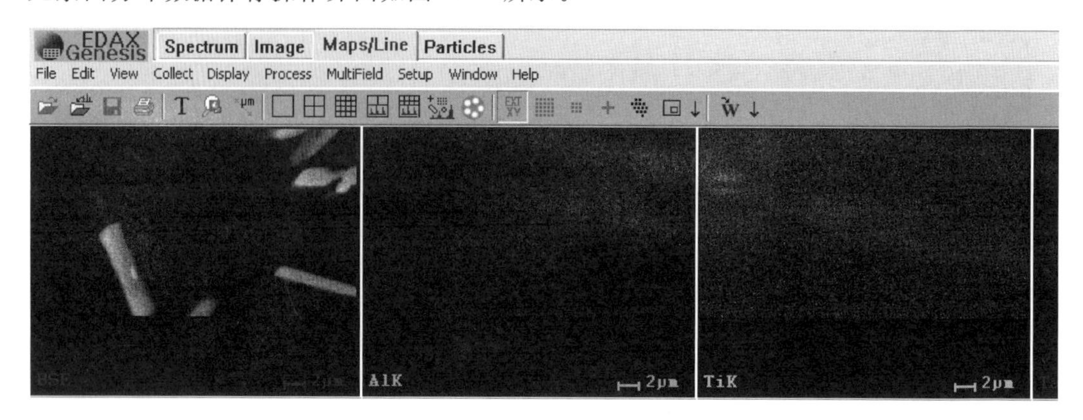

图 2.12　元素面分布数据保存操作界面

四、实验报告要求

(1)描述能谱仪的基本结构与工作原理。

(2)阐述能谱仪分析(点、线、面)的操作过程。

实验二　电子背散射衍射仪的基本结构与工作原理

一、实验目的

(1)了解电子背散射衍射(Electron Backscatter Diffraction，EBSD)仪的基本结构。

(2)掌握电子背散射衍射仪的工作原理。

二、电子背散射衍射仪的基本结构与工作原理

1. 基本组成

EBSD 分析系统如图 2.13 所示。整个系统由以下几部分构成：样品、电子束系统、样品台系统、SEM 控制器、计算机系统、高灵敏度的 CCD 相机、图像处理器等。首先样品放置在经过 70°倾转之后的样品台上，样品倾斜放置的目的是提高衍射强度。在计算机系统和 SEM 控制器的工作下，施加电子束，电子束与样品相互作用产生散射，其中一部分背散射电子入射到某些晶面，因满足布拉格条件而再次发生弹性相干散射即菊池衍射，出射到样品表面外的背散射电子透射到 CCD 相机前端的荧光屏上显像，形成背散射电子衍射花样。被 CCD 相机拍摄的衍射花样由数据采集系统扣除背底并经过 Hough 变换，自动识别进行标定，其过程简单叙述如下：计算机自动确定菊池带的位置、宽度、强度、带间夹角，和电脑中晶体学数据库中的标准值比较，从而确定晶体晶面指数和晶带轴等，进一

步确定晶体的取向等。

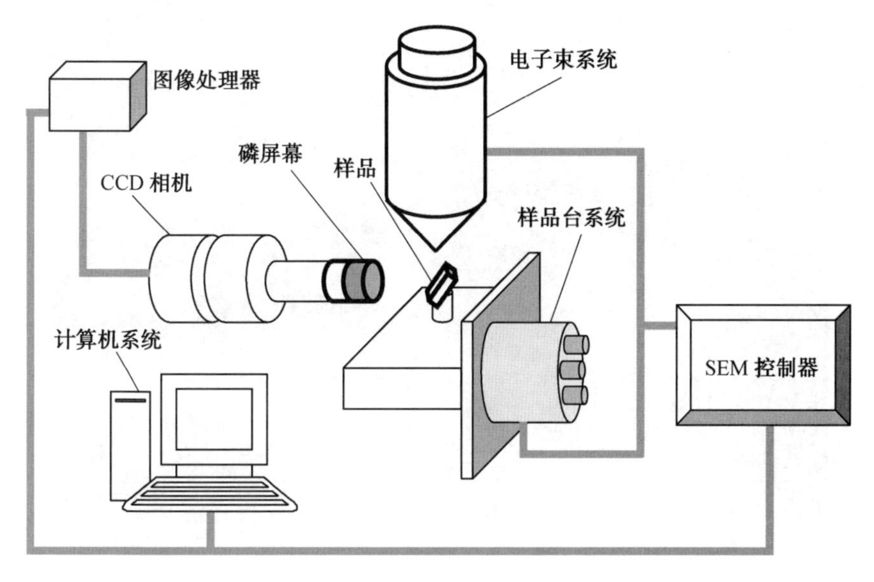

图 2.13　EBSD 分析系统

图 2.14 所示为安装了 EBSD 分析系统的 SEM 实物照片。图 2.14(a)所示为美国 FEI 公司 QUANTA 200 型场发射 SEM，该 SEM 加速电压最高能达到 30 kV。和 SEM 形貌观察相比较，进行 EBSD 分析时需要较大的稳定电流。该 SEM 具有高的分辨率和强的电子束流，从而可以进行非常细小的微观尺度组织的衍射分析。主机部分主要包括 SEM 控制台、电子束系统、样品室和计算机系统。该场发射 SEM 配备了 EBSD 系统，包括 CCD 相机及图像处理器，如图 2.14(b)～(d)所示。CCD 相机位于电子束系统的侧位，呈现 10°左右的倾斜状态(图 2.14(b))。图 2.14(c)是图 2.14(b)中 CCD 相机的放大照片。样品的倾转可以通过两种方法来实现：一是旋转可倾转样品台，如图 2.14(b)所示；二是直接将样品固定在具有预制倾转的小样品台上，如图 2.15(b)所示。

在 SEM 样品室内，带相机的 EBSD 探头从 SEM 样品室的侧面与电子显微镜相连，如图 2.15(a)所示。CCD 相机探头呈现略微倾斜状，可以通过外部的控制器，采用电机自动控制的方式插入和收回 EBSD 探头。通常情况下，不操作 EBSD 时，必须把 EBSD 探头收回。探头前方荧光屏非常脆弱，实验中需要谨慎操作。通常探头具有自我保护功能，一旦受到碰撞就会自动收回。紧挨着荧光屏的是二次电子探头，用于形貌观察，在 EBSD 工作时，需要对样品表面进行形貌观察，选择合适的分析区域。电子束系统的最低端装有一个背散射电子接收探头，用于背散射成像，该探头会对 EBSD 信号接收产生影响，通常都将背散射电子接收探头取下，等 EBSD 操作结束之后，再重新安装背散射电子接收探头。此外，当 EBSD 操作结束后需要将其控制电源关闭，否则会对 SEM 图像调节有干扰作用。

预制倾转样品台呈现 70°的倾转，如图 2.15(b)所示，将样品固定在预制倾转样品台

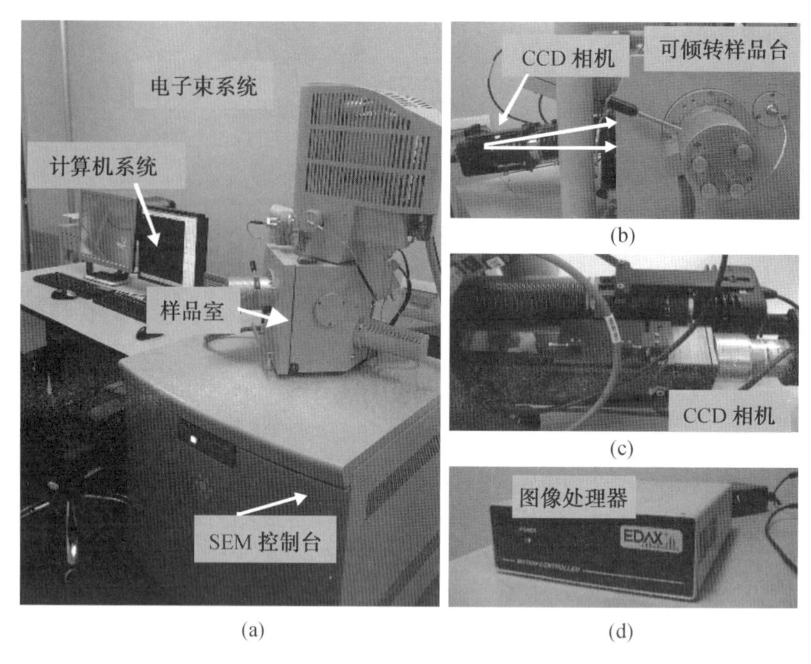

(a) (b) (c) (d)

图 2.14 安装了 EBSD 分析系统的 SEM 实物照片

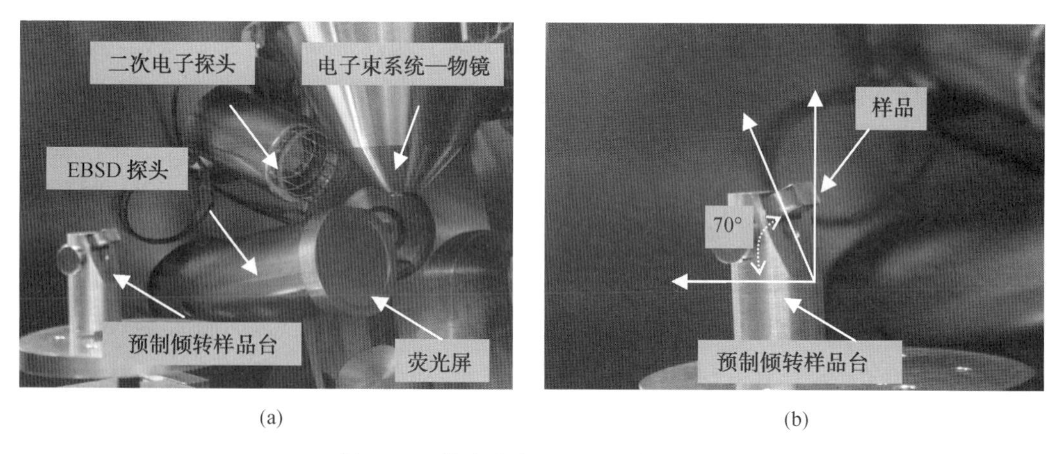

(a) (b)

图 2.15 样品腔内 EBSD 系统的布置

上即可实现样品的倾转。通常,样品倾转 45°以上就可以看到 EBSD 花样,但电子穿透深度随着倾转角的增大而减小;超过 80°后,花样发生畸变,难以标定,实验证明倾转 70°所得到的菊池带是相对最理想的。

2. 工作原理

EBSD 是 20 世纪 80 年代发展起来的对金属材料块材进行显微组织分析和结晶学分析的新技术。显微组织结构分析包括材料内晶粒尺寸测定,晶粒形状及各种点、线、面缺陷分布,各个相的判定及每一种相的分布等。结晶学分析则是表征每一晶体内部的原子排列和运动方式,即晶体结构的对称性、晶粒取向分析等。

通常,EBSD 系统配备在 SEM 中,样品表面与水平面呈 70°左右的倾斜角度。由电子光学系统产生的电子束入射到样品内。电子束入射到晶体内，会发生非弹性散射而向各个方向传播，散射的强度随着散射角度的增大而减小，若散射强度用箭头长度表示，整个散射区域呈现液滴状。入射电子在材料表面发生衍射示意图如图 2.16 所示。其中有相当部分的电子因散射角过大逃出样品表面，这部分电子称为背散射电子。由于非弹性散射，其在入射点附近发散，成为一点源。在表层几十纳米范围内，非弹性散射引起的能量损失一般只有几十电子伏特，这与几万伏特电子能量相比是一个小能量。因此，电子的波长可以认为基本不变。这些背散射的电子，随背散射电子在离开样品的过程中，存在有些散射方向的电子满足某个晶面(hkl)的衍射布拉格角。布拉格衍射定律为 $\lambda=2d\sin\theta$，其中，λ 为电子束波长，d 为面间距，2θ 为入射束与衍射束方向夹角，这些电子经过弹性散射产生更强的电子束，如图 2.16 所示。因为在三维空间下满足布拉格角的电子衍射出现在各个方向，所以组成一个衍射锥。

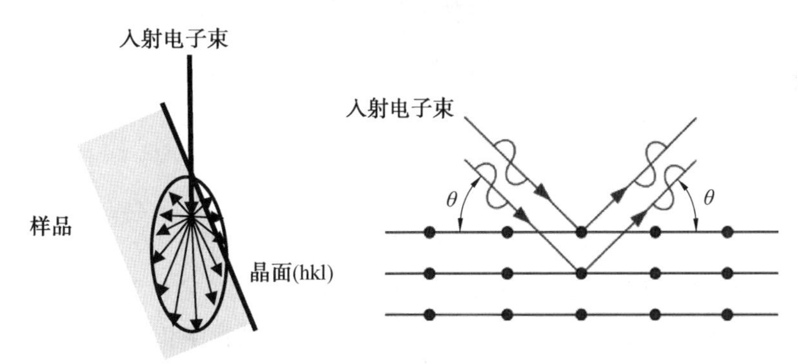

图 2.16　入射电子在材料表面发生衍射示意图

在电子衍射过程中，晶面的另一侧同样满足布拉格衍射条件，也会发生布拉格衍射。因此形成另外一个衍射锥，两个衍射锥成对称状态，入射电子在晶面的两侧发生衍射示意图如图 2.17 所示。

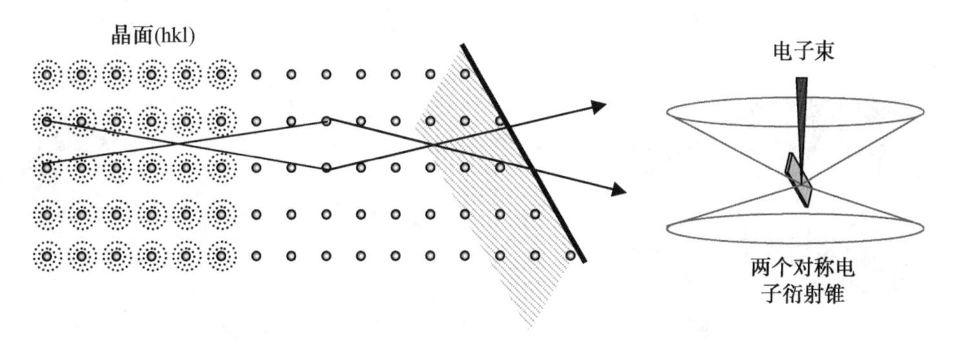

图 2.17　入射电子在晶面的两侧发生衍射示意图

当两个衍射锥延长到 CCD 相机前面的荧光屏，并与之相交时，就会在磷屏幕上形成菊池带，电子衍射锥及衍射晶面投影示意图如图 2.18 所示。该菊池带有一定宽度 w。衍射锥和荧光屏的交线也就是菊池带的边缘实际上是一对双曲线，但是由于厄瓦尔德球半径很大，因此人们所看到的交线通常是一对平行线。衍射晶面迹线是指晶体中对应的衍射晶面的延长线和荧光屏相交的线。根据上面的衍射原理，显然衍射晶面迹线正是菊池带的中心线。多个晶面都发生衍射时，就会在荧光屏上形成一系列的菊池带。通过计算机系统自动标定，从而确定菊池带的晶面指数（和标准的菊池图比较）。

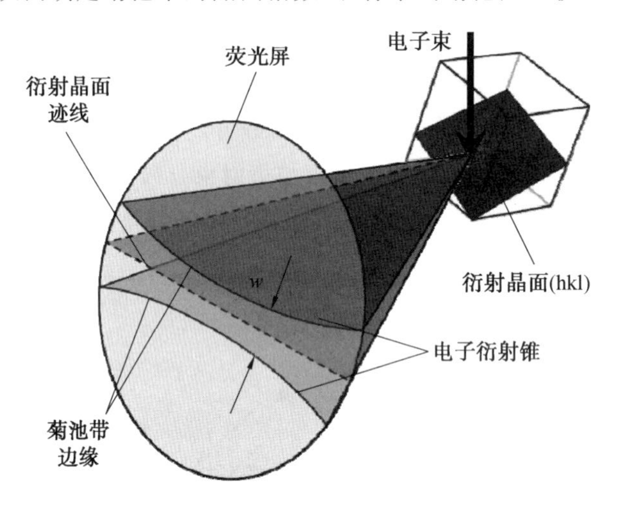

图 2.18　电子衍射锥及衍射晶面投影示意图

图 2.19 所示为经过计算机标定的 Al 的典型菊池带图谱。一幅 EBSD 花样往往包含多根菊池带。荧光屏接收到的 EBSD 花样经 CCD 数码相机数字化后传送至计算机进行标定与计算。EBSD 花样信息来自于样品表面几十纳米深度的一个薄层。更深处的电子尽管也可能发生布拉格衍射，但在进一步离开样品表面的过程中可能因再次被原子散射而改变运动方向，最终成为 EBSD 的背底。

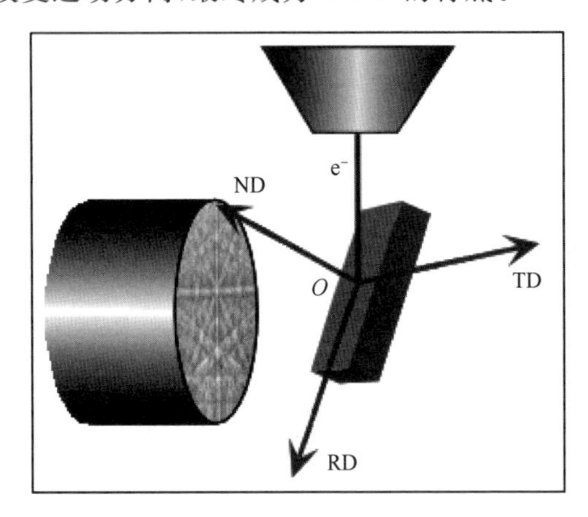

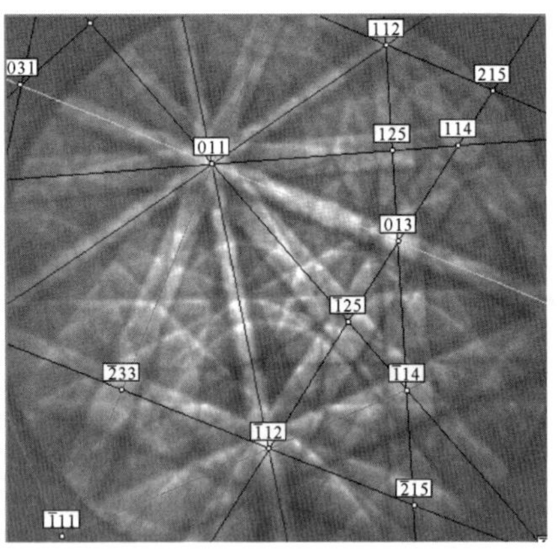

图 2.19　Al 的典型菊池带图谱

衍射过程中，样品倾斜 70°左右是因为倾斜角越大，背散射电子越多，形成的 EBSD 花样越强。但过大的倾斜角会导致电子束在样品表面定位不准、样品表面的空间分辨率降低等负面效果，故现在的 EBSD 分析都将样品倾斜 70°左右。

从晶体学讲，EBSD 花样包含以下几个和样品相关的信息：晶体对称性信息、晶体取向信息、晶体完整性信息和晶格常数信息。如图 2.19 所示，EBSD 花样上包含若干与不同晶面族对应的菊池带。只有结构因子不为零的晶面族才会发生布拉格衍射形成菊池带，而结构因子为零的晶面族因衍射强度为零而不形成菊池带，不同的菊池带相交形成菊池极。

由于菊池带与晶面族相对应，故菊池极相当于各相交菊池带所对应各晶面族的共有方向，即晶带轴方向。通常，菊池极具有旋转对称性，这种旋转对称性与晶体结构的对称性直接相关。如立方晶体[111]方向为三次旋转对称，而 EBSD 花样上[111]菊池极呈 6 次对称。晶体结构根据对称性可分为 230 种空间群。由布拉格衍射形成的电子背散射衍射花样不能区分空间群中的平称操作分量，同时由于(h,k,l)与$(-h,-k,-l)$的结构因子相同、衍射强度相同而引入了二次旋转对称性，因此 EBSD 不能区分 32 种点群，只能区分其中具有二次旋转对称的 11 种劳厄群。换句话说，EBSD 花样只可能具有 11 种不同的旋转对称性。

如前所述，每条菊池带的中心线相当于样品上受电子束照射处相应晶面扩展后与荧光屏的交截线，每个菊池极相当于电子束照射处相应晶面延长后与荧光屏交截形成的，因此，EBSD 包含了样品的晶体学取向信息。在样品的安放、入射电子束位置、荧光屏三者的几何位置已知的情况下，可以采用单菊池极或三菊池极法计算出样品的晶体学取向。

晶格的完整性与 EBSD 花样质量有明显的关系。晶格完整时，形成的 EBSD 花样中菊池带边缘明锐，甚至可观察到高阶衍射；晶格经受严重变形导致晶格扭曲、畸变，存在大量位错等缺陷时，形成的菊池带边缘模糊、漫散。这是因为菊池带由布拉格衍射形成，反映的是原子周期性排列信息，晶体越完整，布拉格衍射强度越高，形成的菊池带边缘越明锐。菊池带宽度 w 与相应晶面族晶面间距 d 间有如下关系：

$$w = R\theta \tag{2.1}$$

$$\lambda = 2d\sin\theta \tag{2.2}$$

式中　R—— 荧光屏上菊池带与样品上电子束入射点之间的距离；

λ—— 入射电子束的波长。

三、实验报告要求

(1)画出电子背散射衍射仪的基本结构。

(2)阐述电子背散射衍射仪的工作原理。

实验三　电子背散射衍射数据采取操作

一、实验目的

(1)了解电子背散射衍射仪 CCD 相机操作。

(2)掌握电子背散射衍射仪菊池带采集过程。

二、电子背散射衍射数据采取操作

首先,启动扫描电子显微镜、EBSD 控制计算机、EBSD 图像处理器,送入 EBSD 探头。然后,装入样品,把样品置于 70°倾转的样品台上,使样品坐标系和扫描电子显微镜坐标系重合。注意轧向和横向的区分与放置。

1. CCD 相机操作

打开 OIM Data Collection,首先开启相机控制窗口,如图 2.20 所示。在 Camera 窗口能够直接观察到样品表面是否有菊池花样及花样的清晰程度。Camera 窗口下方的 Presets 选项设有 A、B、C、D 四种选择,这是扫描速度挡位的设定,扫描速度依次降低。通常选择 B 项,只有在对图像要求非常高,或者样品衍射强度不好的情况下才选择 A 项。如果需要快速扫描或者样品衍射强度好,C 项和 D 项也是可以选择的。在这里调节相机增益(Gain)、曝光时间(Exposure)、分辨率(Binning)、背底衬度(Black)和背底扣除(Background Sub-traction)。

通常情况下调高增益和增加曝光时间都可以提高菊池带的清晰度。但首选增加曝光时间,这样可以更好地提高图像质量,在此基础上再考虑调高增益。提高扫描电子显微镜电压、增大电子束束斑及增大光阑孔径都可以提高菊池带的强度,材料的性质及样品在样品室的位置等也会影响菊池带的强度。因背散射信号数目随着原子序数的增加而增强,高原子序数的样品的电子穿透区小,背散射信号强,花样清晰度更高。样品到侧面 EBSD 探头的距离、倾转的角度以及工作距离对花样清晰度都有影响。

接着选择 EBSD 的图像分辨率,也就是 Binning 级别,包括如图 2.21 所示的几种含义。例如,4×4 Binning 级别表示一次采集的区域为 16 个像素点。显然 Binning 越大,一次采集的像素点数越多,分辨率下降,相应的采集速度增大。8×8 Binning 级别一般用于面分布(Mapping);10×10 Binning 级别用于最高速度;4×4 Binning 级别有时用于同时采集 EBSD－EDS 面分布;1×1 Binning 级别和 2×2 Binning 级别一般用于相鉴定(phase ID)。图 2.22 所示为 Binning 级别的选择与花样清晰度。Binning 级别越小,所对应的菊池带花样越清晰,但同时采集的速度相应要下降。

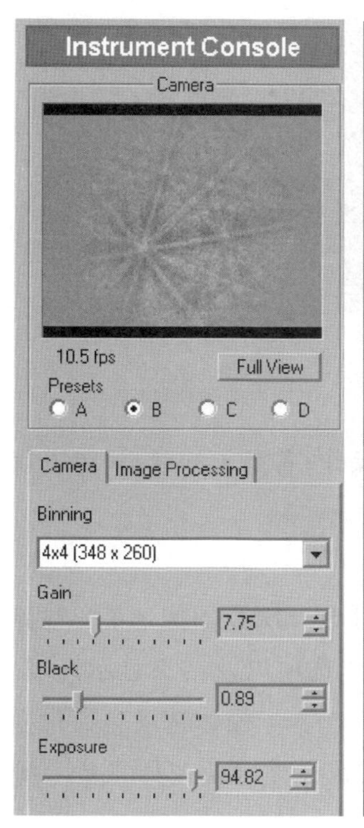

图 2.20　相机控制窗口

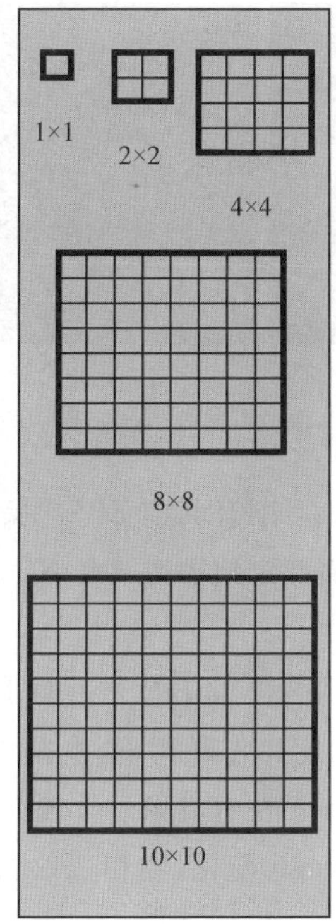

图 2.21　Bining 的含义

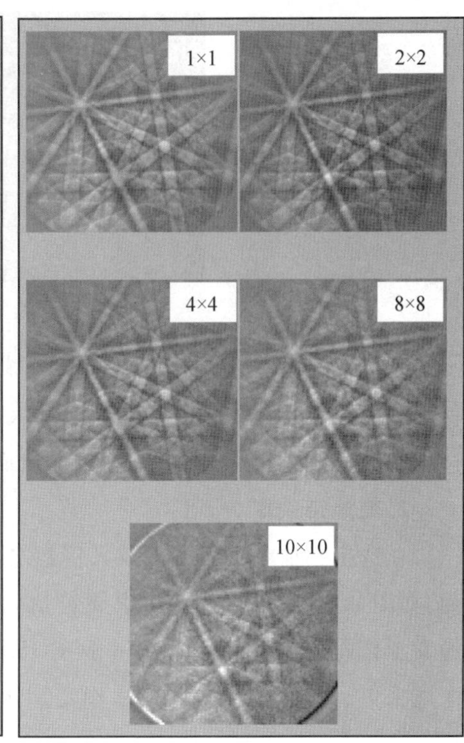

图 2.22　Bining 级别的选择与花样清晰度

考虑到图像质量的高低和扫描时间的长短，常采用 4×4 Binning 级别，调节适当的曝光时间，这样得到比较高的分辨率，来分析复杂材料。正确的信号水平应该产生刚接近饱和的信号。根据操作模式不同，用增益或曝光时间来调节信号水平。图像饱和度调节如图 2.23 所示，图中为各种信号水平所处的状态：欠饱和、最佳和过饱和。通常情况下，首选仍然是增加曝光时间，这样可以更好地提高图像质量，在此基础上再考虑改变增益。

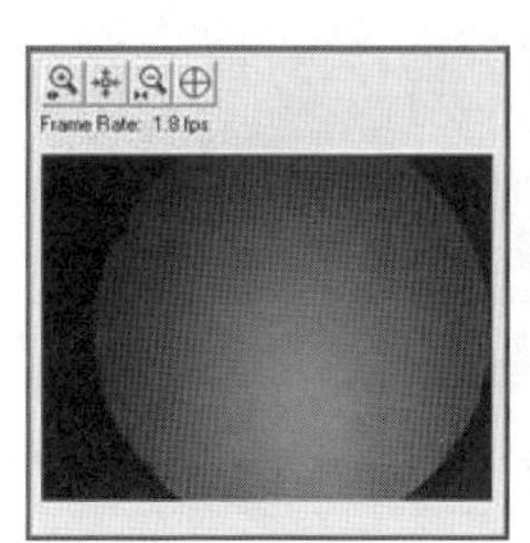

(a) 欠饱和

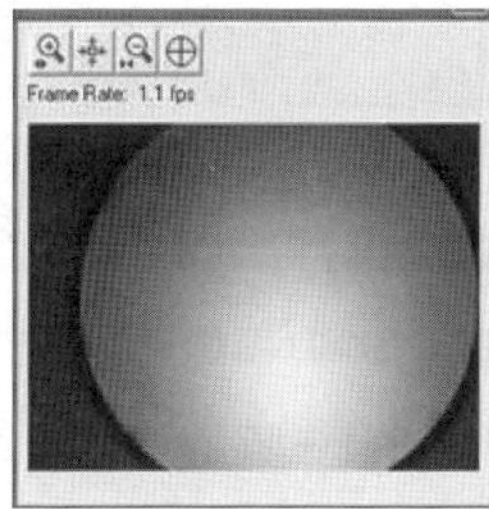

(b) 最佳

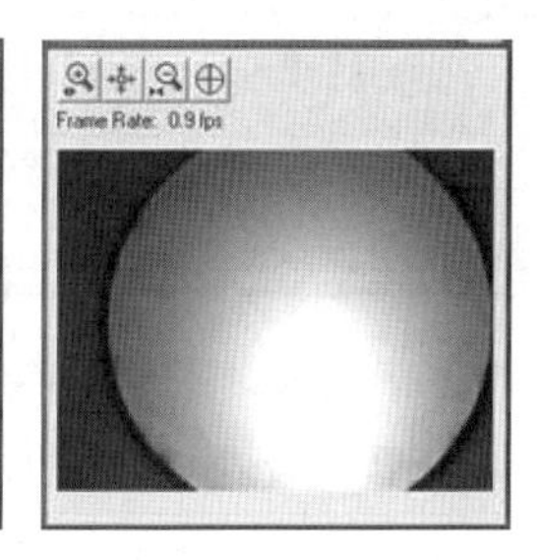

(c) 过饱和

图 2.23　图像饱和度调节

信号水平确定好之后，进行背底扣除，背底扣除改善总体的 EBSD 花样，提高衬度，平滑 EBSD 花样所固有的强度梯度，有助于改善条带的测定。图 2.24 所示为背底扣除前后花样比较。

采集背底前要选择合适的扫描电子显微镜放大倍数。所选的放大倍数取决于所研究

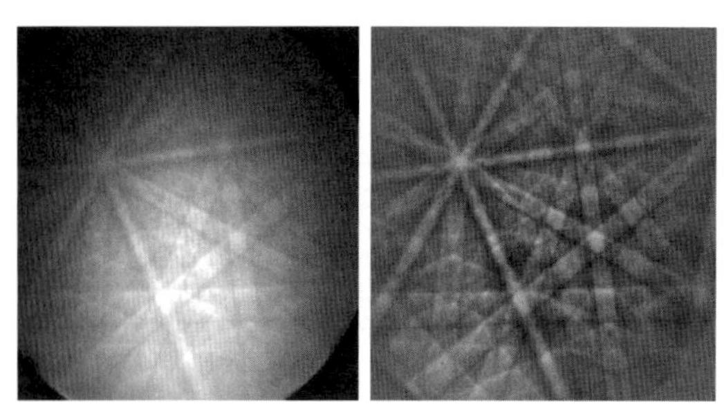

图 2.24　背底扣除前后花样比较

材料的晶粒大小。如果已知晶粒尺寸大小，则有利于 EBSD 操作；若是未知状态，可以通过 EBSD 的晶粒尺寸分析预先判断，从而确定扫描区域大小。

2. 菊池带采集

在选定扫描电子显微镜放大倍数之后，在 TSL 软件首页出现 EBSD 图像采集交互界面，如图 2.25 所示。该界面主要包括确定工作距离、基本操作选项以及结果显示区域。通常工作距离为 10～25 cm，一般在 15 cm 左右成像质量较高。基本操作选项包括扫描区域采集、花样预览、晶粒尺寸确定、Hough 变化、物相选取、花样标定及花样采集等操作。

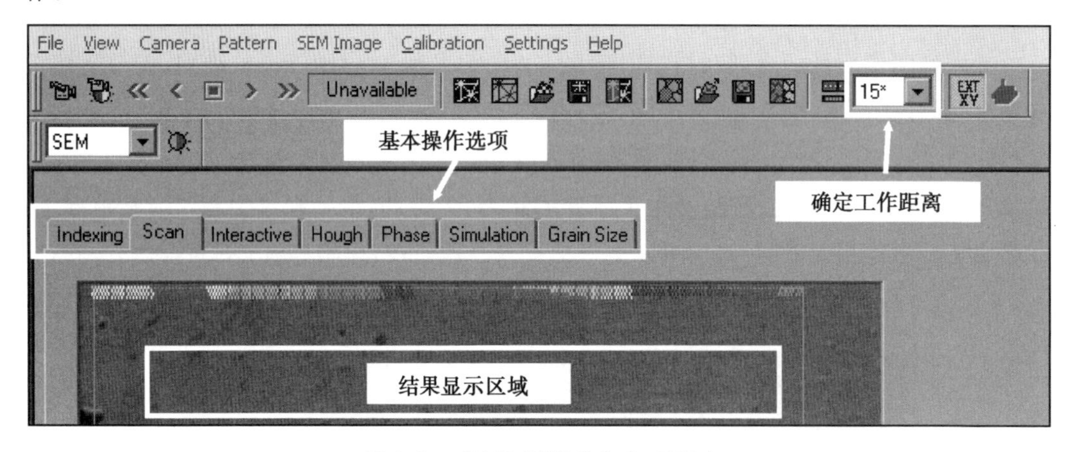

图 2.25　EBSD 图像采集交互界面

Interactive 界面及花样预览如图 2.26 所示。在图 2.26 左图中，在交互(Interactive)页面采集(Capture)一幅扫描电子显微镜图像。选定感兴趣的区域，通常可以预览花样，从而得到最好的观察效果。检查在该区域内的所测试位置是否均可产生 EBSD 花样。图 2.26 中右图为对应点 Ni 的菊池花样。

选择 Grain Size 页面进行晶粒尺寸测量，如图 2.27 所示。在 Grain Size 页面，用一定的步长，通常采用较小步长先预判，扫描一系列线扫描。Grain Size 页面通过对取向变化的测量来计算线性截点晶粒的大小。测量并显示在 x 和 y 两个方向上的平均晶粒大小，这里，Ni

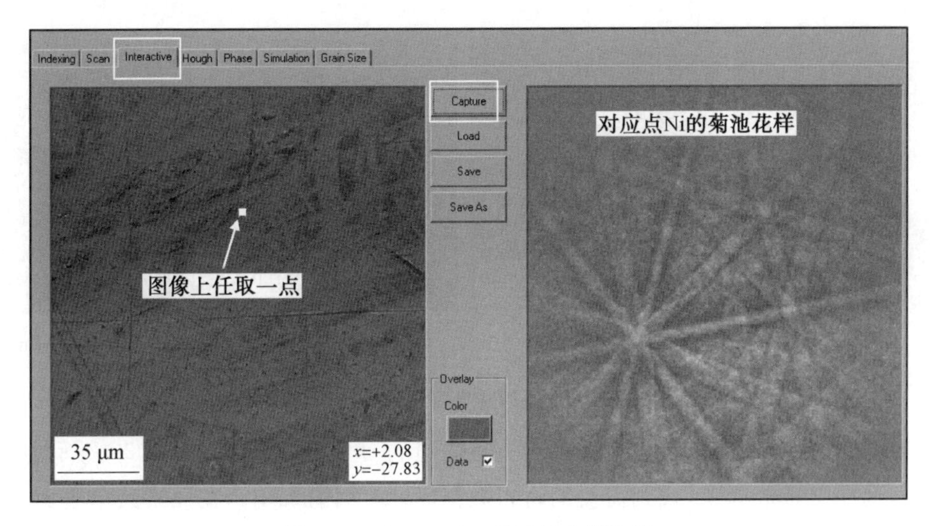

图 2.26　Interactive 界面及花样预览

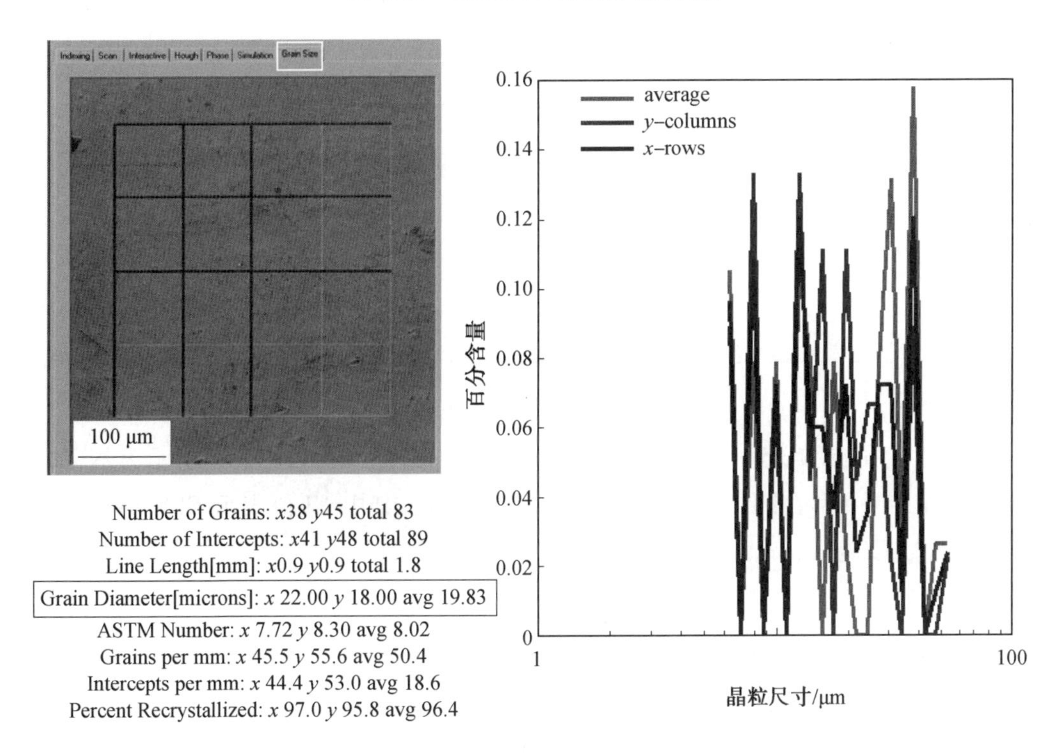

图 2.27　晶粒尺寸测量

的平均晶粒大小约为 20 μm。估算了晶粒大小之后，就可以选择步长(Step Size)。通常，晶粒大小除以 10 给出的步长大小是每个晶粒测量的点数与测量的总晶粒个数之间一个很好的平衡。步长的选择对扫描分辨率有明显的影响。例如，图 2.28 所示的步长的选择对图像质量的影响，图中材料为 SS 316L 不锈钢，平均晶粒大小是 40 μm。分别采用不同的步长，所得到的图像质量具有明显差别。显然步长越大所得到的图像越差。

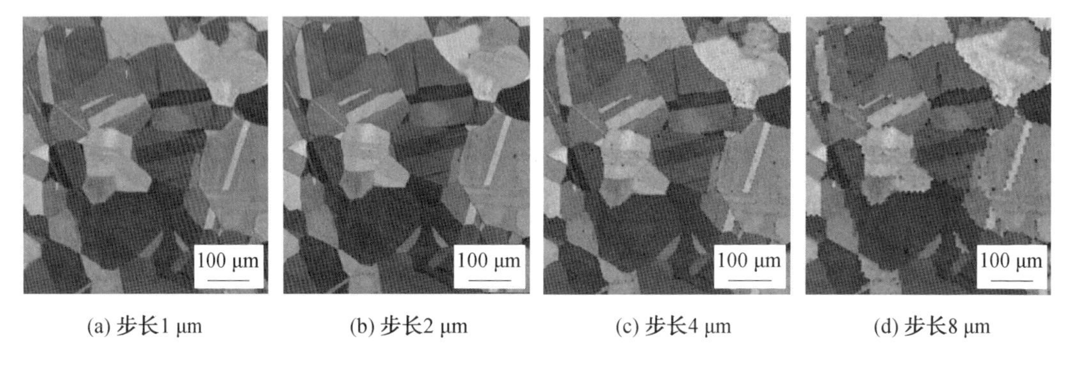

(a) 步长1 μm　(b) 步长2 μm　(c) 步长4 μm　(d) 步长8 μm

图 2.28　步长的选择对图像质量的影响

收集花样之后就可以进行花样标定。首先进行标定相的选择，图 2.29 所示为 Ni 的数据库，选择 Phase 选项，找到需要的材料数据库，如前面的 Ni。在元素菜单里面选择相应的元素，之后选择 Ni 对应的数据库，数据库里面有 Ni 的相关晶体学信息。

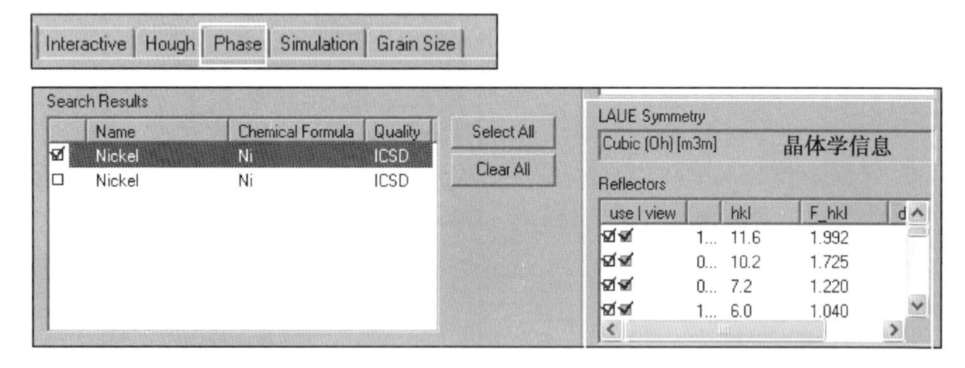

图 2.29　Ni 的数据库

选定相之后，选择 Indexing 选项，对菊池带进行花样标定。图 2.30 所示为 Ni 的菊池花样标定结果，标定参数主要涉及 CI、Fit、Votes 等。其中 CI 值表示 EBSD 花样的标定可信度。定义为

$$CI=(V_1-V_2)/V_{Ideal} \tag{2.3}$$

式中　V_1、V_2——第一和第二自动标定解的“投票数”(Vote)；

V_{Ideal}——测到的菊池带上得到的所有可能的“投票”值。

Vote 的计算原理为：菊池花样中各个菊池带间形成许多三角形，每个三角形的角度值都可以与自动识别并反计算出的各菊池带间夹角值比较，从而出现许多种可能性及投票结果。标定菊池带时可能有几组满足要求(即角关系)的解，根据计算结果偏差进行大小排序。CI 值越高，表明菊池带质量越高，花样越清晰，CI 的值为 0～1。当然，特殊情况有时会出现 $V_1=V_2$，那么 CI=0，但此时并不意味着花样质量差。

Fit 表示平均角偏差。如图 2.30 所示，线段 $A'B'$为真实的菊池带的中心线，线段 AB 为计算机计算标定的菊池带中心线，其与真实采集的菊池带中心线 $A'B'$会有一定角度偏

差，很难完全重合。因此对所有菊池带偏差进行平均就可以获得 Fit 的值。可以说 Fit 具有角分辨率概念，该值越小，越有利于菊池带的标定。

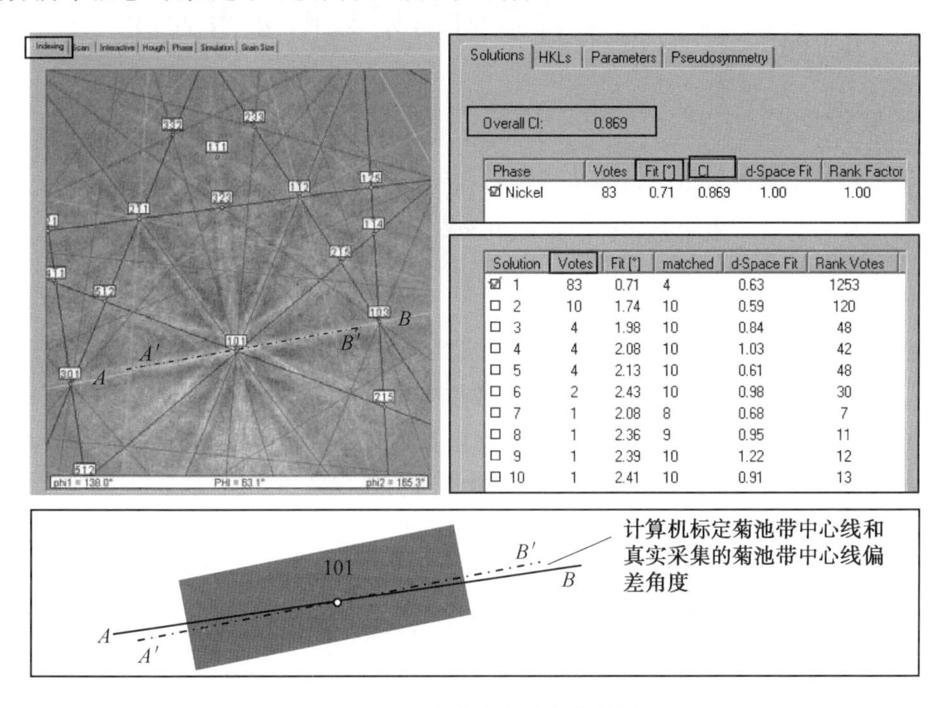

图 2.30　Ni 的菊池花样标定结果

Ni 的扫描面积及步长确定如图 2.31 所示。在 Scan 扫描选项中，定义扫描区域，按住鼠标左键定义一个角的位置。移动鼠标，扩大所选择的区域。例如，前面的 Ni，晶粒尺寸在 20 μm 左右，确定扫描区域的宽度(x)和长度(y)，扫描宽度和长度都是晶粒尺寸的 20 倍左右，甚至更大。对于步长，通常选择晶粒尺寸的 1/10，这里为 2 μm，扫描区域为 360 μm×360 μm。

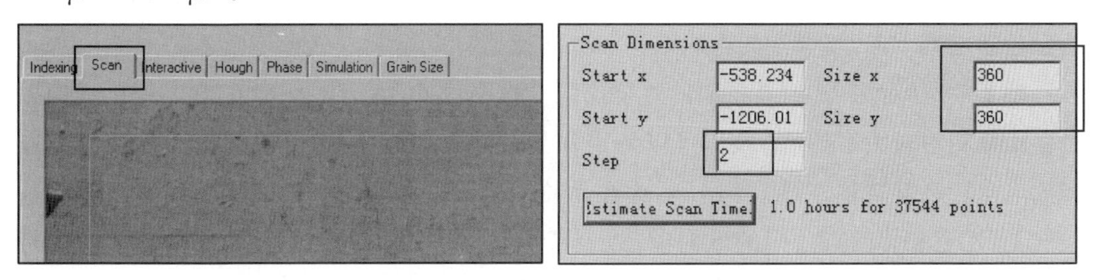

图 2.31　Ni 的扫描面积及步长确定

三、实验报告要求

(1)简述电子背散射衍射仪 CCD 相机操作步骤。

(2)阐述电子背散射衍射仪菊池带采集过程。

实验四　电子背散射衍射数据分析处理

一、实验目的

(1)了解电子背散射衍射仪的功能特点。

(2)掌握电子背散射衍射仪晶粒取向分布及取向差分析过程。

二、EBSD 数据分析处理

1. 概述

扫描电子显微镜中 EBSD 技术已广泛地成为金属学家、陶瓷学家和地质学家分析显微结构及织构的强有力的工具。EBSD 系统中自动花样分析技术的发展,加上显微镜电子束和样品台的自动控制使得样品表面的线或面扫描能够迅速自动地完成,从采集到的数据可绘制取向成像图 OIM、极图和反极图,还可计算取向(差)分布函数。这样在很短的时间内就能获得关于样品的大量的晶体学信息,如织构和取向差分析,晶粒尺寸及形状分布分析,晶界、亚晶及孪晶界性质分析,应变和再结晶的分析,相鉴定及相比计算等。EBSD 对很多材料都有多方面的应用,其源于 EBSD 所包含的这些信息。

2. 晶粒取向分布及取向差

图 2.32 所示为取向成像获得的 Ni 的晶粒取向分布图,从图 2.32(a)中可以明显地观察到晶粒的形态和尺寸,图中相同颜色的晶粒具有相同的取向。图 2.32(b)所示为对应的 ND 方向反极图,关于反极图的定义,前面已经叙述。在这里就是 Ni 晶粒对应的法向方向在晶体坐标系中的分布,灰色表示晶粒对应的法向方向平行于[001]方向,黑色和白色分别表示晶粒对应的法向方向平行于[111]和[101]方向。那么就可以根据每个晶粒的颜色确定其取向,将微观的组织结构和取向特征对应起来。

图 2.33 所示为 Ni 的晶粒取向差统计图。由图可见,小于 3°及等于 60°左右的取向差所占份额相对较大。EBSD 技术可以测定样品每一点的取向,也可以测出晶界两侧晶粒间的取向差和旋转轴。图 2.34 所示为在晶粒图上画一条线(图 2.32 中白线),研究在这条线上,任意相邻两点之间的取向差,以及线上任意一点相对于原点的取向差。由图可见,在晶界附近相邻两点之间的取向差显然非常大。

3. 图像质量图及应力应变分析

晶格中有塑性应变会使菊池带中心线变模糊,由菊池衍射花样的质量可以直观地定性分析超合金、铝合金中的应变、半导体中离子注入损伤、从部分再结晶组织中识别无应变晶粒等。应力和应变造成晶体畸变,一方面可导致菊池衍射花样带宽的改变;另一方面畸变晶体的衍射强度降低,使得菊池花样带的锐化程度降低。由于应变引起的带宽变化

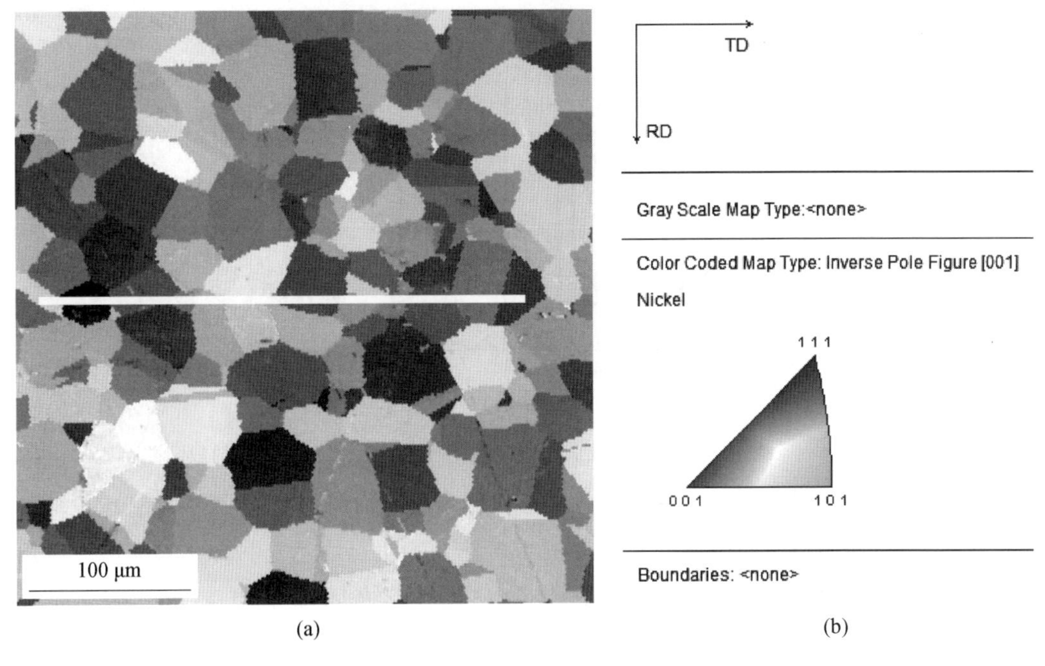

图 2.32　Ni 的晶粒取向分布图

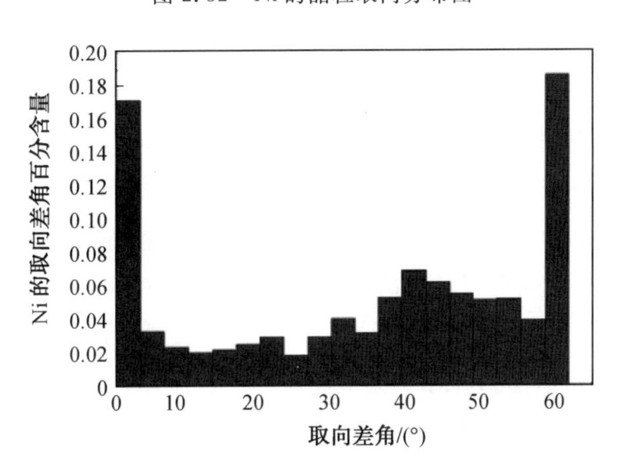

图 2.33　Ni 的晶粒取向差统计图

量极其微小，并且应变菊池带的边缘与背底衬度十分接近，很难直接测量出来。因此，利用菊池花样的质量参数（IQ）来评价微区应力的分布。通常 IQ 值用于快速标定菊池花样，它由 EBSD 花样中几条菊池带的衍射强度之和求出。此外，IQ 值又与晶体学取向、晶粒尺寸及样品表面状态密切相关。在单晶材料系统中，较大的应力和应变梯度是影响 IQ 变化的主要因素。此外，应力和应变还会引起晶格转动和晶格错配增加。因此，可以将 IQ 值、晶格局部转动量和错配度作为应力敏感参数。

EBSD 衍射菊池花样的质量或者清晰度与材料本身有关，包括材料的种类、表面质量及性质、应力状态等。影响花样质量的因素很多，从材料科学的角度来讲，只有完美的晶

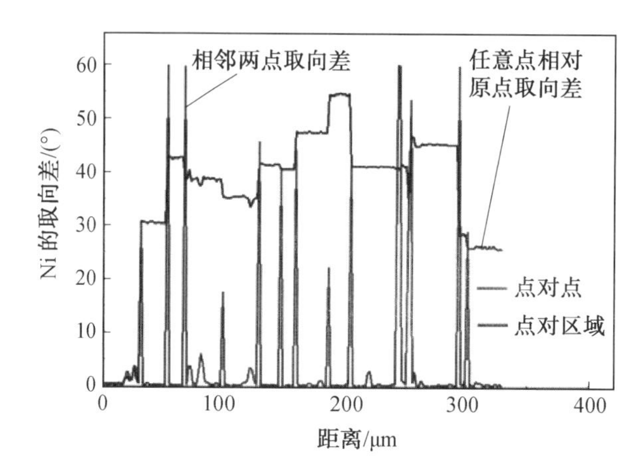

图 2.34　一条线上相邻两点的取向差以及线上任意一点相对于原点的取向差

体结构才能产生非常好的衍射花样,也就是任何影响晶体结构的因素,都会或多或少地影响花样的质量,如晶格扭曲就会导致较差的衍射花样。正是因为这种原因,IQ 值可以用来定性地描述表面应变,但是它很难区分晶粒与晶粒之间细小的应变差。IQ 是靠 Hough 变换后测出的峰的加和来定义的。

在 EBSD 中,每一张衍射花样根据其明锐程度用一花样质量数值来表示,且可用于作图。明亮的点对应高花样质量,暗的点对应低花样质量。低花样质量意味着晶格不完整,存在大量位错等缺陷。花样质量图法适用于单个晶粒内应变分布的测量,不适用于具有不同晶体取向的各个晶粒或不同相之间应变分布的测定,因为即使不存在应变,不同晶体取向的晶粒或不同相均具有不同的花样质量数值。图 2.35 所示为 EBSD 采集 IQ 图像(晶粒内部应变成像),从单个晶粒内部来看,呈现不同程度衬度。图 2.36 所示为具有丝织构变形 Al 的 IQ 图,在变形程度大的丝织构区域,衬度相对较暗,花样清晰度较弱,其他区域衬度相对较浅。前面阐述了变形不同导致花样质量不同,不同的相也可能产生不同清晰度的花样。图 2.37 所示为β一钛和α一钛双相材料的 IQ 图,图中深灰色为β一钛,浅灰色为α一钛。β一钛与α一钛的衬度相差较大。

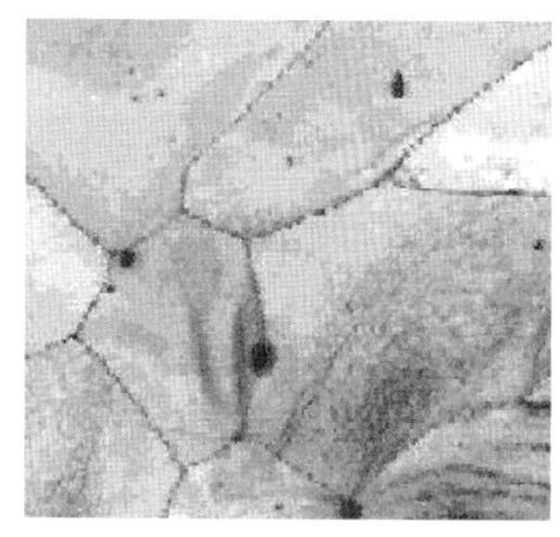

图 2.35　EBSD 采集 IQ 图像(晶粒内部应变成像)

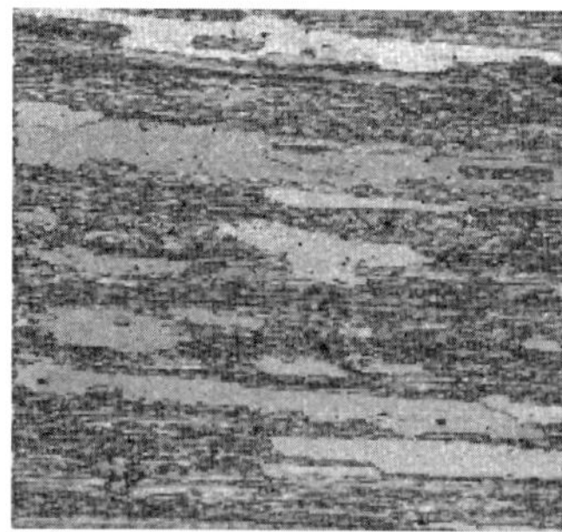

图 2.36　具有丝织构变形 Al 的 IQ 图

图 2.37　β一钛和α一钛双相材料的 IQ 图

4. 晶粒形貌图及尺寸分析

传统的晶粒尺寸测量是用显微镜成像的方法，但是并不是所有晶界都能用腐蚀方法显露出来，如低角界、孪晶界等就很难显示。按定义，一个晶粒相对于样品表面只有单一的结晶学取向，这就使 EBSD 成为理想的晶粒尺寸测量工具，最简单的方法是对样品表面进行线扫描。EBSD 是材料分析中的一个强有力的手段，它可以快速准确地测出单个晶体的取向，精度优于 1°，最大优点是在要求分析的任一点上将显微组织和结晶学联系起来表征，目前 EBSD 的分辨率能够达到纳米级别，可以研究纳米材料及重变形材料。

图 2.38(a)所示为 Ni 的晶粒扫描图像。描述晶粒尺寸的方法可以有两种：一是用面积来计算，首先确定晶粒含有多少个测量点，根据测量点的形状(也就是扫描栅格的形状，可以是圆形，也可以是正四边形或者正六边形)及步长即可确定晶粒的面积；二是用直径来描述晶粒尺寸，此时通常情况下晶粒的形状为圆形或接近圆形及正方形。图 2.38(b)所示为 Ni 的不同晶粒尺寸所占面积的比例分数。晶粒尺寸为 40 μm 的晶粒所占面积的比例分数最大，为 20%左右。

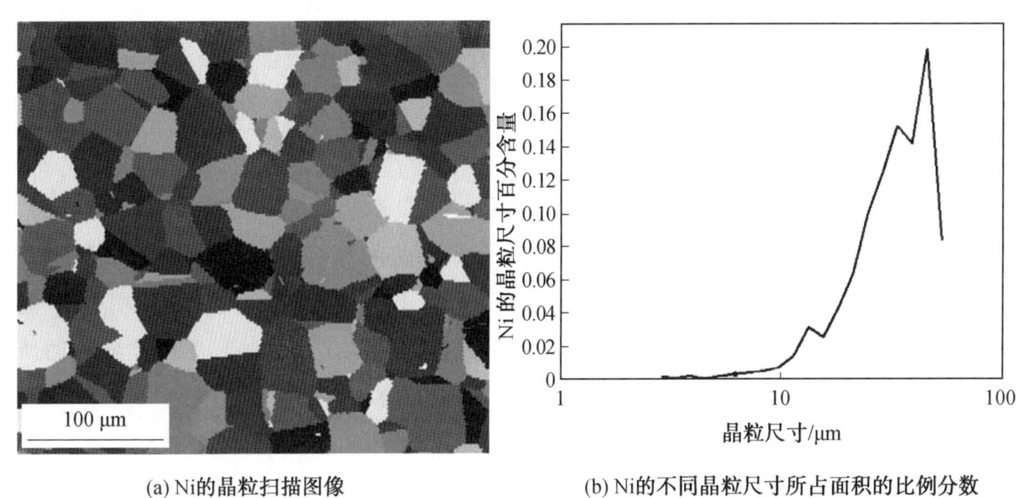

(a) Ni的晶粒扫描图像　　(b) Ni的不同晶粒尺寸所占面积的比例分数

图 2.38　Ni 的晶粒形貌及尺寸

5. 晶界类型分析

在测定各晶粒晶体学取向的情况下，可以方便地计算出晶粒间错配角，区分大角度晶界、小角度晶界、亚晶界等，并能根据重合点阵模型(CSL's)研究晶界是否为共格晶界，如∑3、∑9、∑27 等重合点阵晶界一般为孪晶界。此外，可以研究各种错配角所占比例。用 EBSD 可以直接获得相邻晶体之间取向差。测得晶界两边的取向，则能研究晶界或相界。界面研究是 EBSD 应用的一项内容，由取向测数据结合显微组织原位观察，研究腐蚀、裂纹、断裂、原子迁移、偏析、沉淀、孪生和再结晶等。

6. 物相鉴别与鉴定及相取向关系

EBSD 可以对材料进行相鉴别。通过已知的相的种类，选择其相应的数据库，可以经过采集的花样进行标定，从而鉴别物相。图 2.39 所示为 β—钛和 α—钛双相材料的显微结构图。深色表示 α—钛，浅色表示 β—钛。两相所占面积份数可以计算出来，如图 2.39 所示。

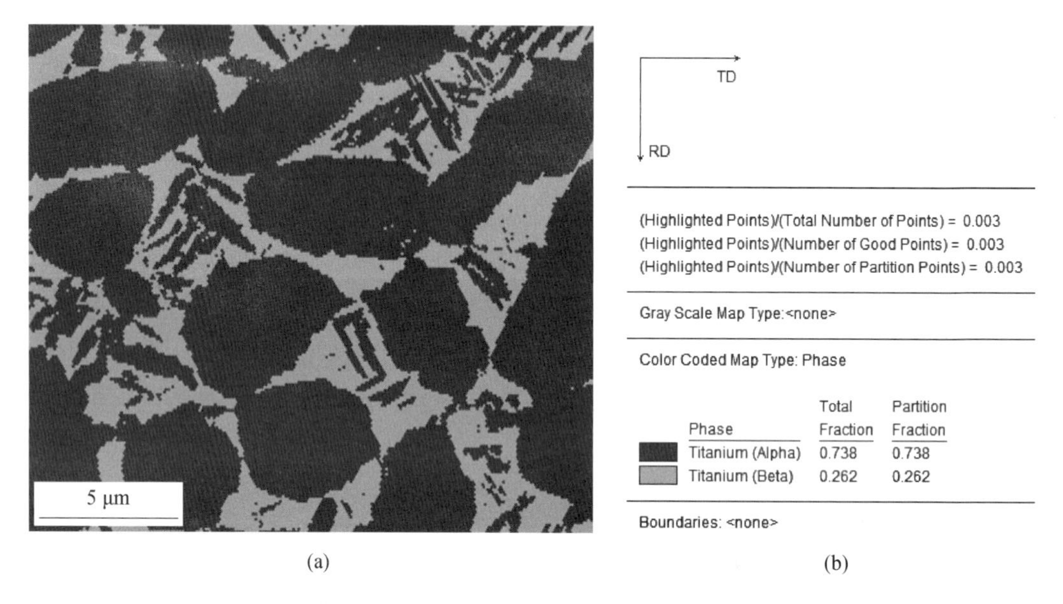

(a) (b)

图 2.39 β—钛和 α—钛双相材料的显微结构图

物相鉴定就更为复杂，EBSD 用于物相鉴定是 CCD 数码相机快速发展后才实现的。物相鉴定要求相机具有足够多的灰度级数和足够高的空间分辨率，以便能探测到强度很弱的菊池线。用 EBSD 鉴定物相过程中需要借助能谱 EDS 的分析结果。通常用 EDS 能谱首先能够检测物相的元素组成，然后采集该相的菊池花样。用这些元素可能形成的所有物相对菊池花样进行标定，只有完全与花样相吻合的物相才是所鉴定的物相。

EBSD 的物相鉴定原理不同于透射电子显微镜（Transmission Electron Microscope，TEM）和 X 射线衍射进行物相鉴定。TEM 根据晶面间距及晶面夹角来鉴定物相，X 射线根据晶面间距和各晶面相对衍射强度来鉴定物相。由于 X 射线能准确测定晶面间距，因此 X 射线进行物相鉴定不需要先知道物相成分；EBSD 主要是根据晶面间的夹角来鉴定物相。EBSD 和 TEM 在测定晶面间距方面误差较大，必须先测定出待鉴定相成分以缩小候选范围。尽管如此，3 种衍射手段关于某一晶面是否发生衍射的条件方面是相同的，即该晶面的结构因子必须不为零。

用 EBSD 鉴定相结构对化学成分相近的矿物及某些元素的氧化物、碳化物、氮化物的区分特别有用。如 M_3C 和 M_7C_3（M 为 Cr、Fe、Mn 等），在 SEM 中用能谱、波谱进行成分分析是很难区分它们的，但是两种碳化物中一种是六方对称性，另一种是斜方对称性，因而 EBSD 很容易区分它们。再如赤铁矿（Fe_2O_3）、磁铁矿（Fe_2O_4）和方铁石（FeO）用 EBSD 来区分也是容易的。

用 EBSD 同时测定两个相的晶体学取向时，可以确定两个相之间的晶体学关系。为了确定两相间的晶体学关系，一般需要测定几十处以上两相各自的晶体学取向，并将所有测定结果同时投影在同一极射赤面投影图上进行统计。与透射电子显微镜和 X 射线相比，采用 EBSD 测定两相间晶体学取向关系具有显著的优越性。用于 EBSD 测试的样品表面平整、均匀，可以方便地找到几十个以上两相共存的位置。同时晶粒取向可以用软件自动计算。而透射电子显微镜由于样品薄区小的关系，难以在同一样品上找到几十个以上两相共存位置，并且其晶粒取向需手动计算。X 射线一般由于没有成像装置，难以准确将 X 射线定位在所测定的位置上，当相尺寸细小时，采用 X 射线难于确定相间晶体学关系。另外，当第二相与基体间的惯习面、孪生面、滑移面等在样品表面留下迹线，尤其在两个以上晶粒表面留下迹线时，可以采用 EBSD 确定这些面的晶体学指数。

7. 织构分析

EBSD 技术在织构分析方面有明显的优势。因为 EBSD 技术不仅能测定各种取向的晶粒在样品中所占的比例，而且还能确定各种取向在显微组织结构中的分布。许多材料在诸如热处理或塑性变形等加工后，晶粒的取向并非随机混乱分布，常常是选择取向，即织构。显微组织结构中晶粒的择优取向，将导致材料的力学性能和物理性能出现各向异性，如杨氏模量“弹性各向异性”、磁性能“磁晶各向异性”、强度（硬度）和塑性“力性各向异性”等，因此研究材料织构对于分析材料的各向异性进而对材料进行应用具有重要的意义。

EBSD 测定的织构可以用多种形式表达出来，如极图、反极图、ODF 等。同 X 射线衍射测织构相比，EBSD 具有能测微区织构、选区织构并将晶粒形貌与晶粒取向直接对应起来的优点。另外，X 射线测织构是通过测定衍射强度后反推出晶粒取向情况，计算精确度受选用的计算模型、各种参数设置的影响，一般测出的织构与实际情况偏差 15%以上。而 EBSD 通过测定各晶粒的绝对取向后进行统计来测定织构，可以认为 EBSD 是目前测定织构最准确的手段。当然与 X 射线相比，EBSD 存在制样麻烦等缺点。

图 2.40 所示为变形铝晶粒取向成像图，可以清晰地显示晶粒的形状和大小，图中相同颜色的晶粒具有相同的取向。取向衬度图虽然可直接观察晶粒的取向特征，但还不能揭示取向分布规律，需要将所有的晶粒取向表示在极图、反极图及 ODF 图中，全面地反映实际的取向分布情况。

图 2.41 所示为变形铝晶粒[001]极图，显示变形铝在[001]晶向具有明显的取向。在 EBSD 分析软件界面上，将鼠标放置在取向程度最高的位置，软件自动识别所在点的位置。但这个点的坐标通常是互质数，要注意这个点的坐标是指样品坐标系的坐标。图 2.42所示为变形铝晶粒法向（ND）反极图，鼠标放在取向程度最高的位置，软件自动显示此处的晶体学坐标，图中所示为[112]取向，该方向和样品坐标系的法向方向平行。

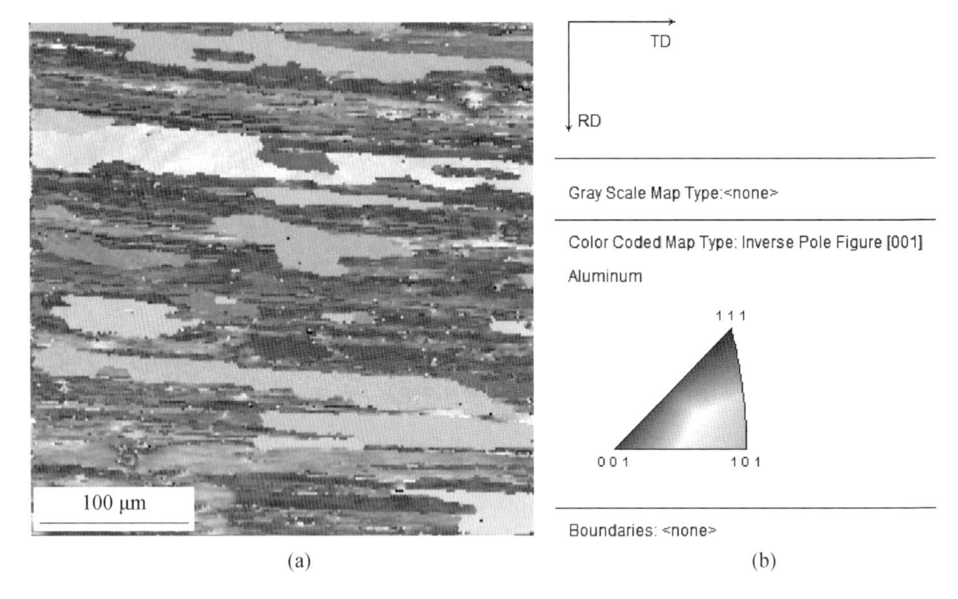

(a) (b)

图 2.40　变形铝晶粒取向成像图

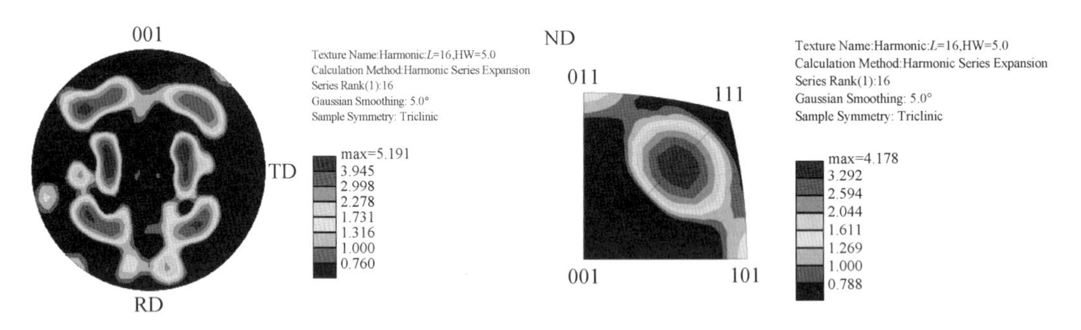

图 2.41　变形铝晶粒[001]极图　　图 2.42　变形铝晶粒法向(ND)反极图

图 2.43 所示为变形铝晶粒 ODF 取向图。根据图像很容易读出铝的取向欧拉角在欧拉空间的分布，从而准确确定晶体取向。用 EBSD 研究材料的择优取向，不仅能够测得样品中每一种取向分量所占的比例，还能测出每一取向分量在显微组织中的分布，这是研究织构的全新方法。这就可能做到使取向分量的分布与相应的材料性能改变联系起来。EBSD 最常用的是测加工产品的局域取向分布，分析局域取向的密度和相应的性能改变，例如，BCC 金属板材的可成型性分析发现，只要[111]面平行于板面，则板材有良好的深加工性能，可避免深冲制耳问题。另外，还可利用 EBSD 的取向测量获取第二相与基体的位向关系，研究疲劳机理、刻面和晶间裂纹、单晶完整性、断面晶体学、高温超导体中氧扩散及晶体方向和形变研究等。

8. 晶格常数确定

通过测量菊池带宽度，可以计算出相应晶面族的晶面间距。需要指出的是，由于每条菊池带的边缘相当于两根双曲线，因此在菊池带不同位置测得的宽度值不同。一般应测

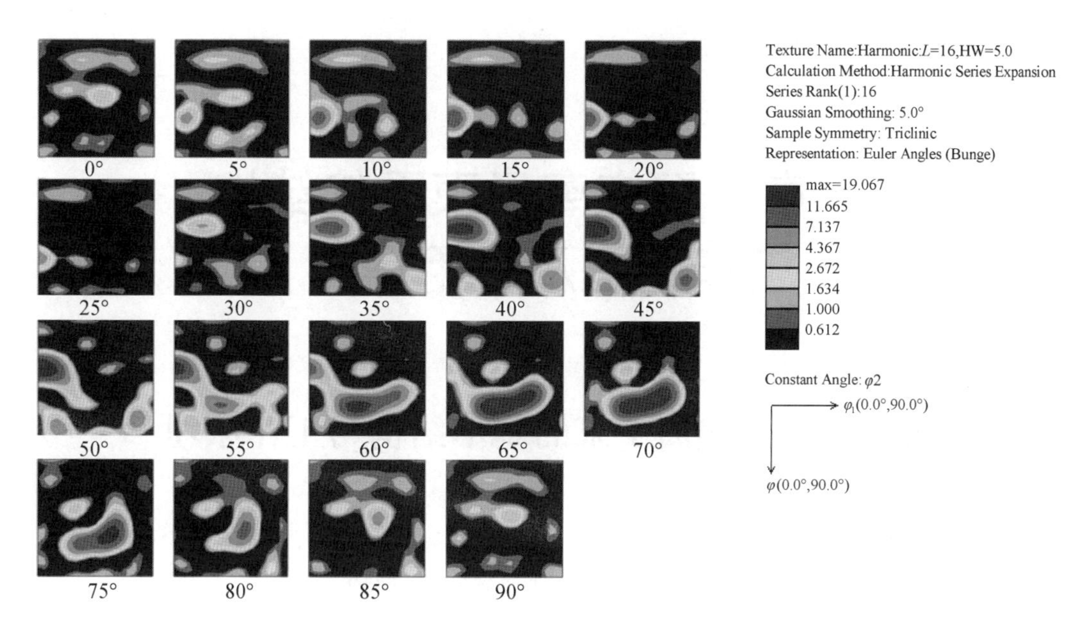

图 2.43　变形铝晶粒 ODF 取向图

菊池带上最窄处的宽度值来计算晶面间距。由于测量过程中存在误差，用 EBSD 测晶面间距误差一般为 1.5%左右，因此 EBSD 并不是测量晶格常数的专门方法。

三、实验报告要求

(1)简述电子背散射衍射仪的功能特点。

(2)阐述电子背散射衍射仪晶粒取向分布及取向差分析过程。

(3)如何利用电子背散射衍射仪进行物相鉴别与鉴定及相取向关系。

第3章 聚焦离子束系统结构、工作原理及应用操作

实验一 聚焦离子束的基本结构与工作原理

一、实验目的

(1)了解聚焦离子束(Focused Ion Beam,FIB)的基本结构。

(2)掌握聚焦离子束的工作原理。

二、聚焦离子束的基本结构与工作原理

1. 聚焦离子束系统的分类

聚焦离子束与常规离子束对材料和器件的加工机理相同,都是通过离子束轰击样品表面来实现加工,所以二者的应用领域也基本相同。常规离子束加工系统通常从离子源抽取离子束直接轰击样品,原理比较简单,离子束斑直径比较大,一般为几毫米到几十厘米,束流密度较低,加工时必须采用掩模处理。在聚焦离子束加工系统中,来自离子源的离子束经过加速、质量分析、整形等处理后,聚焦在样品表面,离子束斑直径目前已可达到几个纳米。图3.1所示为FIB系统外形图。

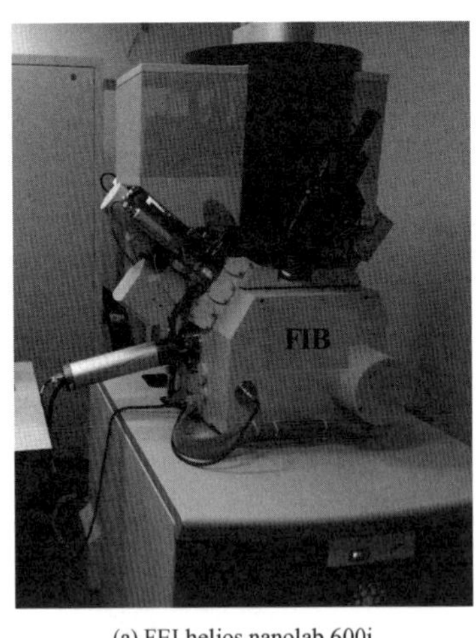

(a) FEI helios nanolab 600i

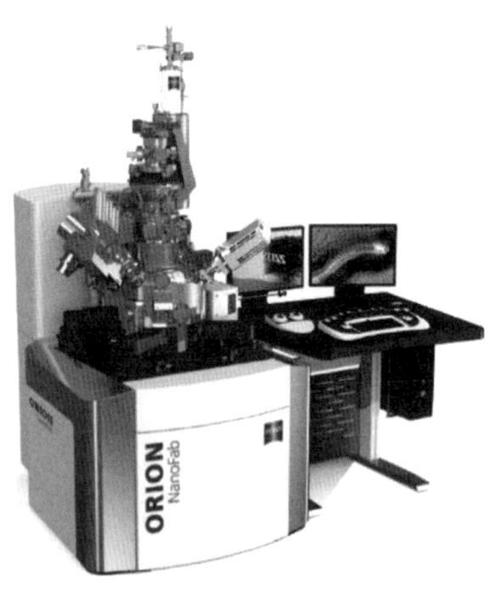

(b) ZEISS ORION Nanofab

图3.1 FIB系统外形图

按照用途分类，FIB可以分为FIB曝光系统、FIB注入系统、FIB刻蚀系统、FIB沉积系统、FIB电路、掩模修整系统和SIM成像分析系统等。按照结构组成分类，FIB可以分为单束单光柱FIB系统、双束单光柱FIB系统、双束双光柱FIB系统、多束多光柱FIB系统和全真空FIB联机系统。按照离子能量FIB又可以分为高能FIB系统、中能FIB系统和低能FIB系统。

图3.2所示为各种FIB系统结构图。其中，单束单光柱FIB系统只有一个离子束和一条光路作用到样品表面；双束单光柱FIB系统具有电子束和离子束两束和一条光路作用到样品表面；双束双光柱FIB系统具有电子束和离子束两束，同时两束分别作用到样品表面，即有两个光路。

多束多光柱FIB系统具有电子束和多种离子束，如氦离子束、镓离子束等。聚焦离子束对样品的损伤包括物理和化学损伤，一般可以通过降低离子束的能量来减少对样品的物理损伤；对于化学损伤，可通过低能量的惰性气体（如Ar）离子束加工的方法来减少。“三束”系统显微镜是在“双束”工作站FIB的基础上，有机地结合了氩离子枪。“三束”系统显微镜工作时，Ga聚焦离子束、电子束和Ar离子束相交于样品表面的一点。“三束”系统的结构图如图3.3所示。“三束”系统的工作原理是：通过Ga－FIB进行样品制备，然后通过Ar离子枪消除FIB加工过程中产生的损伤层，并且在整个加工的过程中

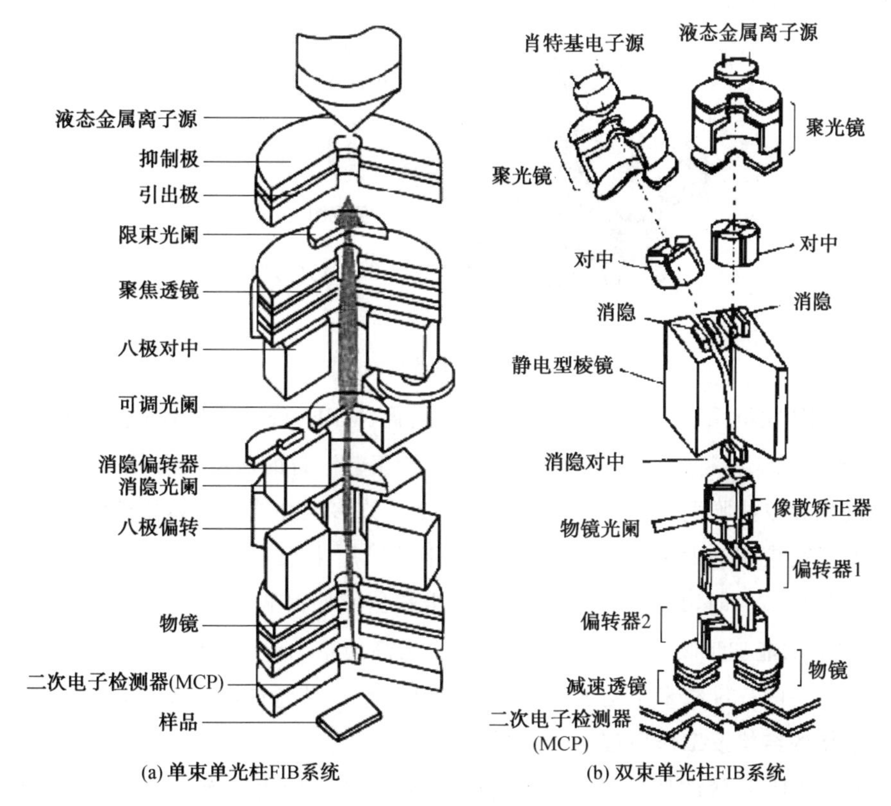

图3.2 各种FIB系统结构图

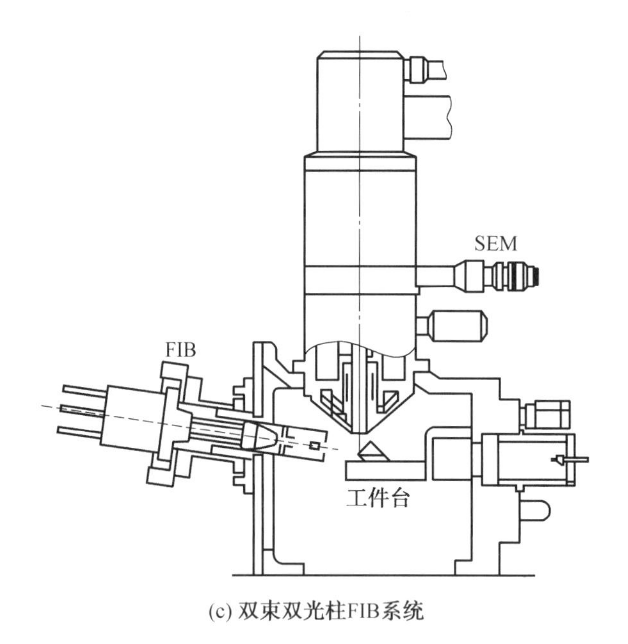

(c) 双束双光柱FIB系统

续图 3.2

利用扫描电子显微镜进行确认。“三束”离子束显微镜主要用于高品质、低损伤的 TEM 样品制备，TEM 样品的损伤层只有 2 nm。

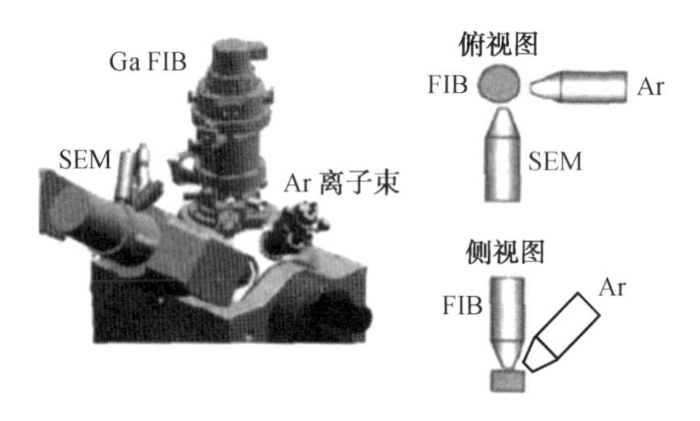

图 3.3 “三束”系统的结构图

全真空 FIB 联机系统，如 FIB－MBE 组合装置，MBE(分子束外延)是一种用于单晶半导体、金属和绝缘材料生长的薄膜工艺。用这种工艺制备的薄层具有原子尺寸的精度，原子逐层沉积导致薄膜生长。这些薄层结构构成了许多高性能半导体器件的基础。同时由于聚焦离子束束斑直径在 50 nm 以下，因此可以用来加工量子点、线结构。在使用 FIB－MBE 组合装置时，首先利用 MBE 装置生长出原始薄膜，经过中间处理过程，最后利用 FIB 研磨功能加工膜片。这样既可以加工出高质量、低污染的表面，又可用于光电子和量子阱器件的三维纳米结构加工。FIB－MBE 组合装置如图 3.4 所示。

2. 离子枪的结构及工作原理

离子柱是 FIB 系统的核心，位于离子枪的顶部。离子枪由液态离子源、聚焦、束流限制、偏转装置及保护和校准部件等组成(图 3.5)。由于液态离子源的电流较强，离子束的

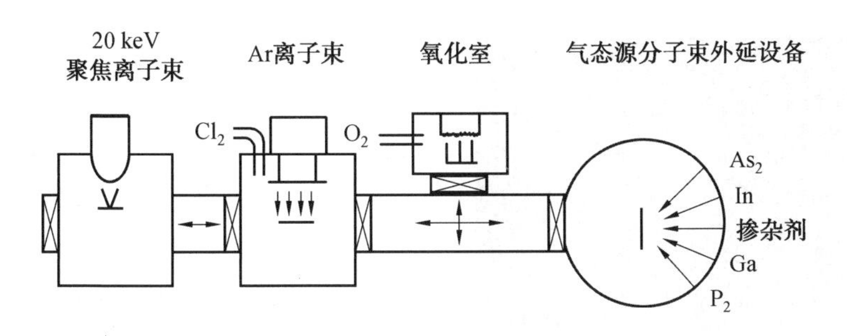

图 3.4　FIB－MBE 组合装置

能量色散较大，一般大于 5 eV，因此影响聚焦离子束系统分辨率的主要因素是离子束的色差。为了提高系统的分辨率，必须降低离子束柱体的色差，可通过对光学柱体的特殊设计来实现。

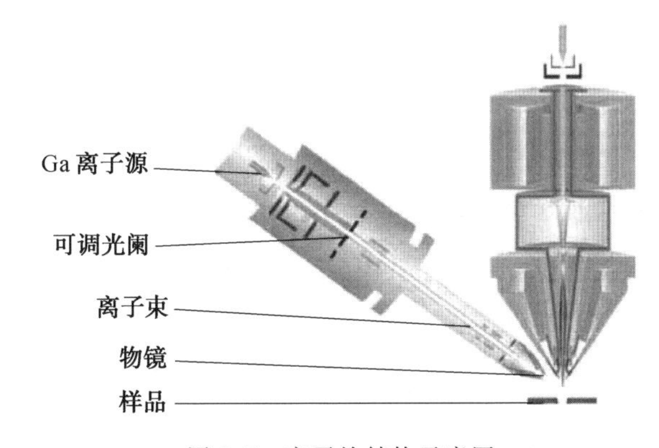

图 3.5　离子枪结构示意图

离子束斑的最小直径随着限束孔大小的改变而改变，束流强度与孔的面积成正比；离子束斑的直径和工作距离也有一定的关系，当工作距离加大时，其直径也随之增大。

另外，束电压的下降也会导致束斑变大，因此，尽管离子柱可以在很大的加速电压范围内工作，而要达到高分辨率，则应适当提高加速电压和减小工作距离。离子源为聚焦离子束系统提供稳定的、可聚焦的离子束，其尺寸大小直接影响聚焦离子束系统的分辨率。表征离子源的主要参数为亮度、源尺寸、稳定性和寿命等。

(1)液态金属离子源。

目前 FIB 系统常用的是液态金属离子源，而气体场发射离子源则由于具有更高的亮度、更小的源尺寸等优点而备受关注，如氦离子源。

真正的 FIB 始于液态金属离子源的出现，液态金属离子源产生的离子具有高亮度、极小的源尺寸等一系列优点，因此成为目前所有 FIB 系统的离子源。液态金属离子源是利用液态金属在强电场作用下产生场致离子发射所形成的离子源。液态金属离子源由发射极、液态金属储备槽和离子引出电极构成，其基本结构如图 3.6 所示。

已有用 Ga、In、Al 等金属作为发射材料的单质液态离子源，也有包含高熔点的 Be、B、

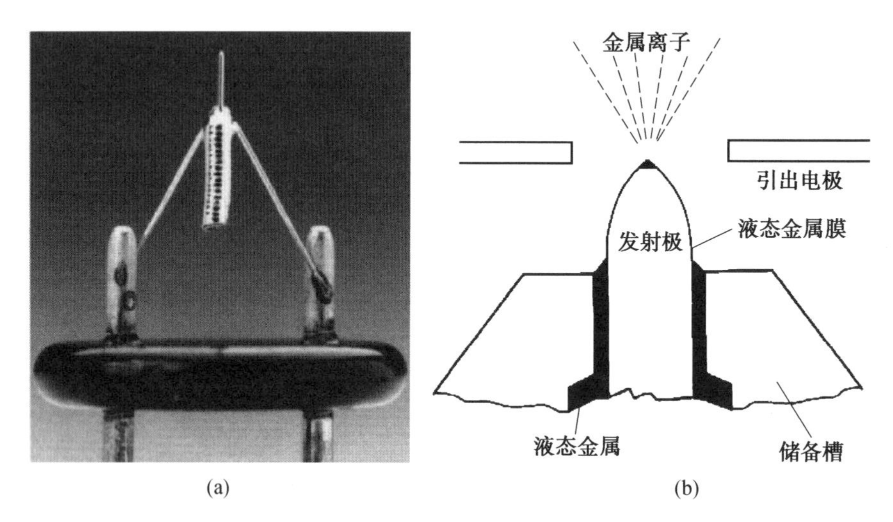

(a) (b)

图 3.6 液态金属离子源的基本结构

Si 高液态蒸汽压的 P、Zn、As 等掺杂元素的共晶合金液态离子源。

由金属 W 制作的发射尖，尖端半径只有几个微米。发射尖对着引出电极，发射尖的底部是螺旋状 Ga 容器的液态金属储备槽。在引出电极上加有几千伏的电压，使发射尖和电极之间形成一个很强的电势差。当液态金属储备槽被加热到一定温度时，金属顺着发射尖流下来并且浸润整个发射尖。液态金属在外加电场力的作用下形成一个极小的尖端，液体尖端的电场强度可以达到 1 010 V/m，可使尖端的液态金属电离，产生的正离子由引出电极释放出来(图 3.7)。

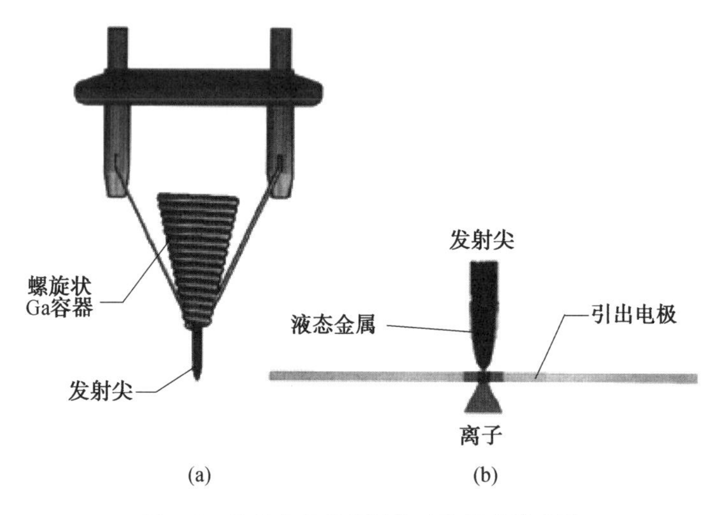

(a) (b)

图 3.7 液态金属离子源的工作原理示意图

(2)气体场发射离子源。

气场电离源(GFIS)与液态金属离子源(LMIS)的基本工作原理类似，也是利用强大的电场电离气体原子或分子产生离子，然后利用引出电极引出形成离子束，其结构示意图如图3.8所示。不同之处在于GFIS没有液态金属储存槽，取而代之的是惰性气体供气系统。

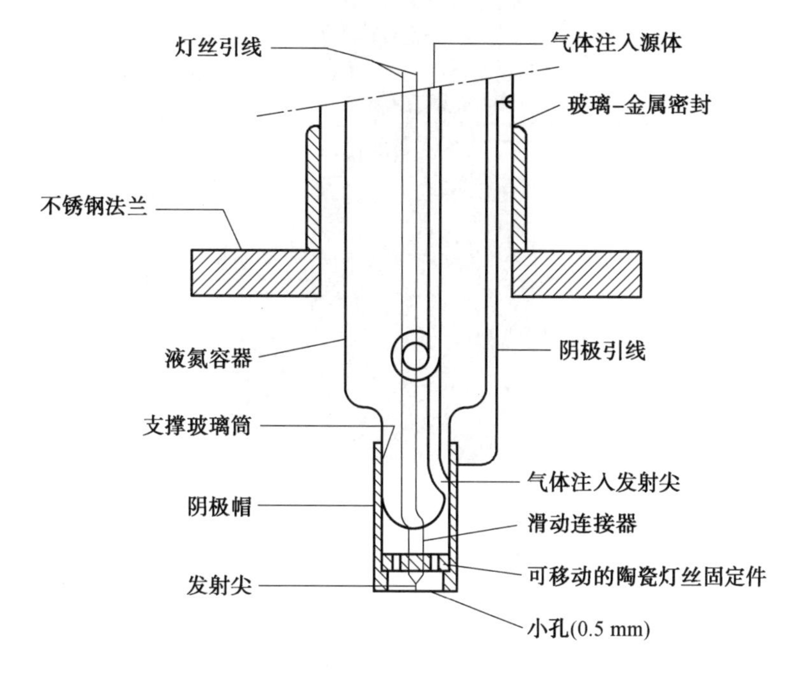

图3.8 GFIS结构示意图

GFIS发射的离子束性能不仅与电压和气压等有关，还与尖端附近的气体温度有关。由于离子束流强度随发射尖附近气体温度的下降急剧上升，因此必须配备低温系统。GFIS能够提供多种惰性气体离子束，产生的离子污染很小，同时离子束的能散小、亮度高。但是GFIS需要不断补充气体，还必须配备冷却系统，因此整个系统的结构相当复杂；另外针尖非常脆弱，导致GFIS的工作寿命普遍很短。尽管目前GFIS能够提供比LMIS更好的离子束，但还是不能全面取代LMIS在FIB系统中的应用。

FIB系统既有技术成熟的液态金属离子源，又有前景广阔的气体场发射离子源，源尺寸可小到1 nm，H、He、O、Ne离子都可以作为气体场发射离子源，同时离子质量分析器的存在又加大了离子源选择的灵活性，使得诸多合金可以作为离子源。离子源的多样化使得聚焦离子束系统的功能和结构也呈现多样化，大大促进了聚焦离子束的发展。

(3)电子束离子源。

电子束离子源的基本工作原理是由电子枪产生电子束注入漂移管，在外加磁场的作用下，电子束被聚焦，再通过电子束碰撞电离工作气体产生离子(图3.9)。

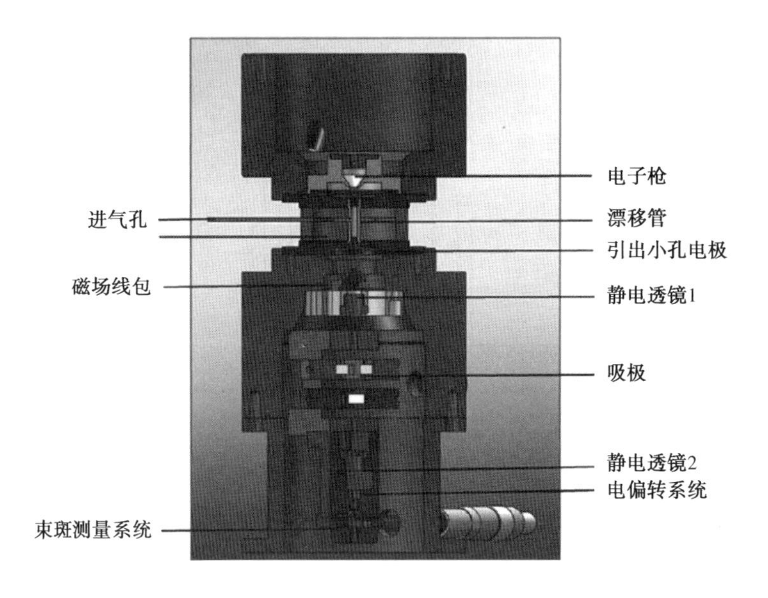

图 3.9 电子束离子源的基本工作原理

(4)系统工作过程概述。

在离子柱顶端的液态离子源加一强电场来引出带正电荷的离子,通过位于离子柱体中的静电透镜、可控的四极偏转电极、八极偏转电极装置将离子束聚焦,并精确控制离子束在样品表面扫描,收集离子束轰击样品产生的二次电子和二次离子,获得 FIB 显微图像。在 FIB 加工系统中,离子源引出的离子束经过加速、质量分析、整形等处理后,到达样品表面时可聚焦到几纳米。FIB 工作过程图如图 3.10 所示。

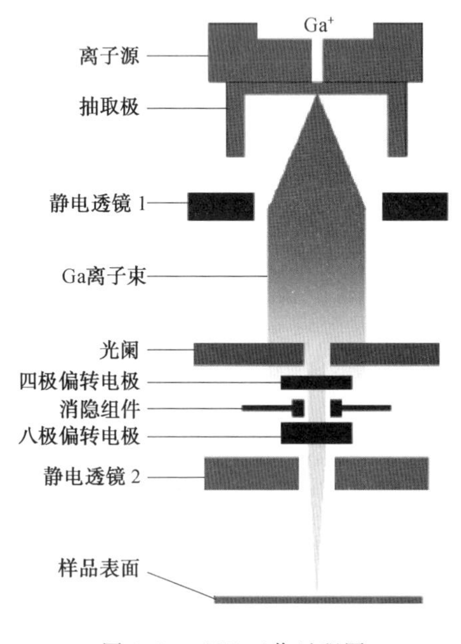

图 3.10 FIB 工作过程图

FIB 可通过计算机控制束扫描器进行逐点轰击、二维直线扫描和三维立体加工，实现微纳米级特殊结构的高精度、高表面光洁度加工。

3. 双束设备样品室布局与工作台

(1)整体布局。

FIB 双束设备结构和实物图如图 3.11 所示，样品室包括样品台、探测器、气体注入系统等。双束设备除了配备聚焦控制以外，还加入了气体注入控制系统，可以在 FIB 对样品进行沉积或增强刻蚀等功能时充入功能气体。

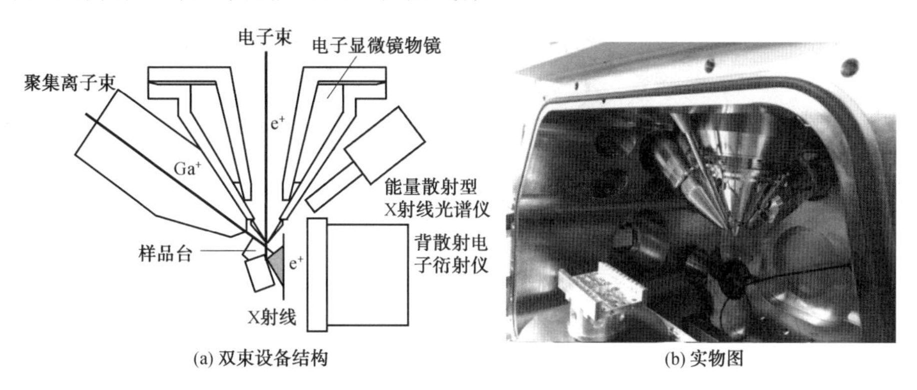

图 3.11　FIB 双束设备结构和实物图

(2)手动工作台。

手动工作台是 FIB 加工系统的重要部件，它用于承载被加工工件，做 x、y 等方向精确移动和定位。它的性能直接影响 FIB 加工系统制作微细图形的精度和生产率。美国、日本等发达国家在研究、发展 FIB 技术的同时，也进行了工作台技术的研究；我国很多高校和科研单位也在该方面做了大量的研究工作，并逐步形成了专业化生产和系列化产品。工作台可以做 x 方向、y 方向移动，以扩大加工面积；也可以做 z 方向运动，以缩短或加长焦距。此外，工作台可以绕 y 轴和 z 轴转动(图 3.12)。对 FIB 刻蚀工艺而言，绕 y 轴旋转特别有意义，它可以改变工作台角度，提高 FIB 的刻蚀速度。

图 3.12　五自由度手动工作台

(3)电机驱动。

电机驱动是实现 FIB 加工系统精密操作的核心部件(图 3.13),通过各部位电机、传动轴和转换器等的配合,实现对加工系统的精准操控。

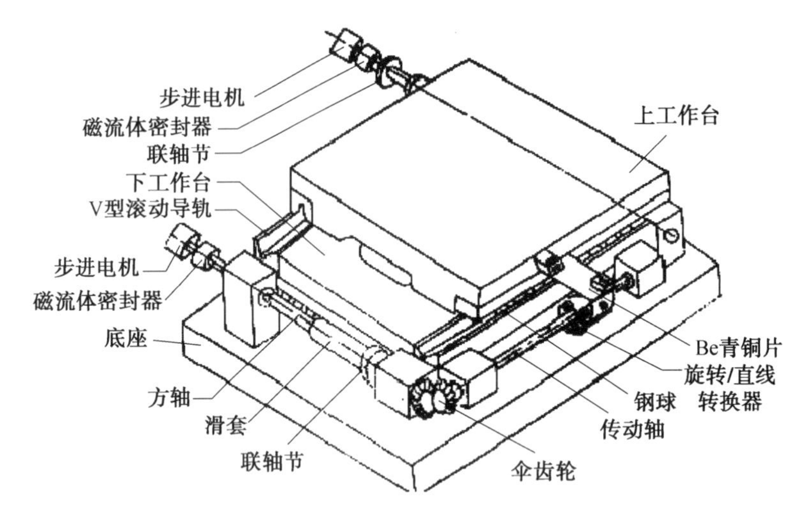

图 3.13　FIB 加工系统中的电机驱动

(4)压电陶瓷驱动。

在 Helios Nanolab 600i 双束系统中,x 和 y 的平移采用高精度压电陶瓷驱动,最小步长为 100 nm,可重复性小于 1.0 μm,平移最大距离达 150 mm;z 方向采用电机方式移动,移动范围为 10 mm;θ 方向采用高精度压电陶瓷驱动,可以实现 360°无休止转动;ψ 方向可以实现 −7°～+57°的倾斜,最高倾斜精度达 0.1°。

(5)激光定位精密工作台。

激光定位精密工作台(图 3.14)利用激光干涉原理来测量工作台 x 方向、y 方向的移动距离和绕 z 轴的旋转误差,随后计算出目标移动距离和实际移动距离之间的误差,由工作台驱动机构予以补偿,或通过离子束偏转予以补偿。

图 3.14　激光定位精密工作台

三、实验报告要求

(1)简述聚焦离子束系统的基本结构。

(2)阐述聚焦离子束的工作原理。

实验二　聚焦离子束与材料的作用及离子束加工基本功能原理

一、实验目的

(1)掌握聚焦离子束与材料作用产生的信号。

(2)了解聚焦离子束的加工原理与功能。

二、聚焦离子束与材料的作用及离子束加工基本功能原理

1. 聚焦离子束与材料作用产生的基本信号与离子射程

(1)基本信号。

FIB 产生的正性 FIB 具有 5～150 keV 的能量,其束斑直径为几纳米到几微米,束流为几皮安到几十纳安。这样的离子束入射到固体材料表面时,离子与固体材料的原子核和电子相互作用,可产生各种物理化学现象(图 3.15)。

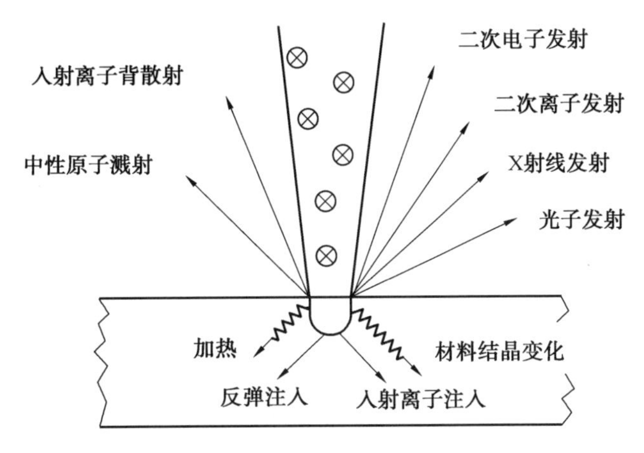

图 3.15　荷能离子与固体表面的主要物理化学现象

①入射离子注入。

入射离子在与材料中的电子和原子的不断碰撞中,逐渐丧失能量并被固体材料中的电子所中和,最后镶嵌到固体材料中。镶嵌到固体材料中的原子改变了固体材料的性质,这种现象称为注入。

②入射离子引起的反弹注入。

入射离子把能量和动量传递给固体表面或表层原子,使后者进入表层或表层深处。

③入射离子背散射。

入射离子通过与固体材料中的原子发生弹性碰撞，被反射出来，称为背散射离子，某些离子也可能经历一定的能量损失。

④二次离子发射。

在入射离子轰击下，固体表面的原子、分子、分子碎片、分子团以正离子或负离子的形式发射出来，这些二次离子可直接引入质谱仪，对被轰击表面成分进行分析。

⑤二次电子发射、光子发射。

入射离子轰击固体材料表面，与表面层的原子发生非弹性碰撞，入射离子的一部分能量转移到被撞原子上，产生二次电子、X射线等，同时材料中的原子被激发、电离，产生可见光、紫外光、红外光等。

⑥中性原子溅射。

入射离子与固体材料中原子发生碰撞时，将能量传递给固体材料中的原子，如果传递的能量足以使原子从固体材料表面分离出去，该原子就被弹射出材料表面，形成中性原子溅射。被溅射的还有分子、分子碎片和分子团。

⑦辐射损伤。

指入射离子轰击表层材料造成的材料晶格损失或晶态转化。

⑧化学变化。

入射离子与固体材料中的原子核和电子的作用，造成材料组分变化或化学键变化。离子曝光就是利用了这种化学变化。

⑨材料加热。

具有高能量的离子轰击固体表面使材料加热，热量自离子入射点向周围扩散。

(2)离子射程。

离子在固体中的射程短于电子，离子的射程和材料、入射能量及角度有关。图3.16和图3.17所示为不同离子源在不同材料、不同加速电压和不同入射角度下的射程变化。

2. FIB的主要功能

FIB系统是在常规离子束和聚焦电子束系统研究的基础上发展起来的。由于离子源的限制，早期的FIB系统应用非常有限，液态金属离子源的出现极大地促进了FIB系统的发展。

目前FIB系统集微纳米尺度刻蚀、注入、沉积、材料改性和半导体加工等功能于一体，在纳米科技领域起到越来越重要的作用。

(1)FIB离子注入。

FIB离子注入系统优缺点如下。

①FIB离子注入系统无须掩模和感光胶层，简化工艺，减少污染，提高器件的可靠性和成品率。

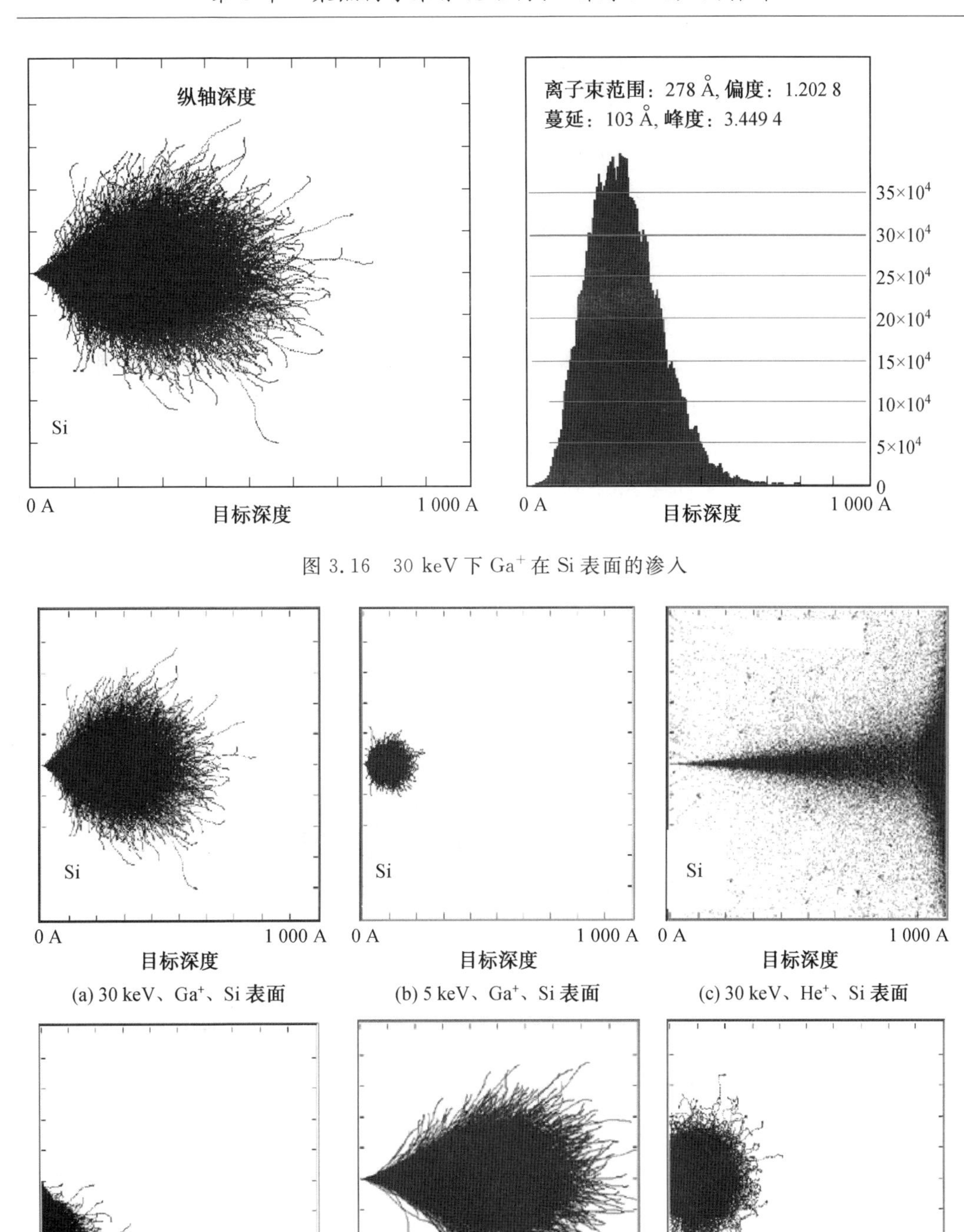

图 3.16　30 keV 下 Ga^+ 在 Si 表面的渗入

(a) 30 keV、Ga^+、Si 表面　(b) 5 keV、Ga^+、Si 表面　(c) 30 keV、He^+、Si 表面

(d) 30 keV、Ga^+、Si 表面　(e) 30 keV、Ga^+、PMMA 表面　(f) 30 keV、Ga^+、Au 表面

图 3.17　不同离子源在不同电压和入射角度下在不同材料表面的渗入

②FIB离子注入系统对离子种类、电荷、能量等进行精确控制。

③FIB离子注入系统与分子束外延结合，可以实现三维掺杂结构器件制作。

④FIB离子注入系统生产率低；离子源常为合金源，稳定性差。

⑤FIB离子注入系统结构复杂，运行和工艺操作相对较难。

图3.18所示是对FIB注入层的横截面高分辨率观察结果。FIB工作参数为30 kV、30 pA，加工区域为2 μm×2 μm。如果离子束照射剂量大于7×10^{16} ion/cm^2，在离子注入层的横截面上会出现直径10～15 nm的纳米颗粒。当离子束照射剂量较小时，离子注入层厚度随加工时间的增加而增大；当离子束照射剂量增加到一定程度时，离子铣削和离子注入达到动态平衡，离子注入层的厚度趋于稳定。图3.18反映了离子注入层深度可通过离子注入层横截面测量得到。经过测量加速电压为30 kV的Ga离子束，离子铣削和注入间动态平衡稳定后离子注入Si(100)深度为(61.5±5) nm。离子注入损伤深度随着离子能量的增大而增加。

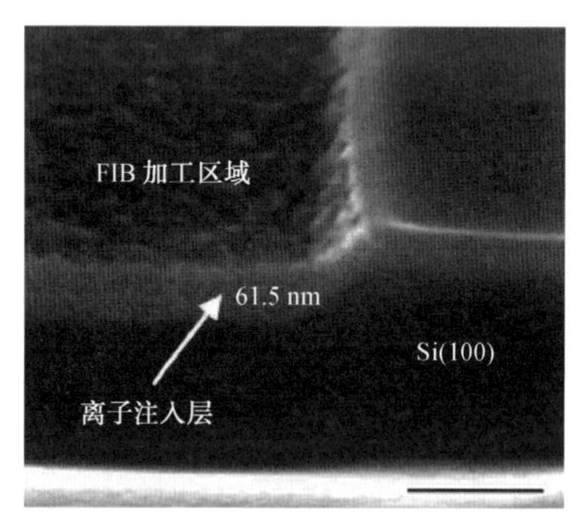

图3.18 FIB离子注入层横截面观测图(其中样品Si的观察倾角为52°，Bar=200 nm)

(2)离子溅射。

FIB轰击材料表面，能够将固体材料中的原子溅射出表面(图3.19)，是FIB最重要的应用，主要应用于微细铣削和高精度表面刻蚀加工。

FIB加工是通过高能离子与材料原子间的相互碰撞完成的。高能离子束与固体表面发生作用时，离子穿入固体表面，在表面下层与固体原子发生一系列级联碰撞，将其能量逐步传递给周围晶格。

在原子的级联碰撞过程中，如果受碰撞后的表面原子的动量方向是离开表面，而且能量又达到一定临界值，就会引起表面粒子出射，这种现象称为溅射去除。

入射离子与固体材料中的原子发生弹性碰撞，将一部分能量E_t传递给固体材料晶格上的原子，如果能量E_t足够大，超过了使晶格原子离开晶格位置的能量阈值E_d，则被撞原子就会从晶格中移位，产生反弹原子(Recoiling Atoms)。

初级碰撞出的反弹原子通常具有远大于移位临界值E_d的能量，这些反弹原子会进

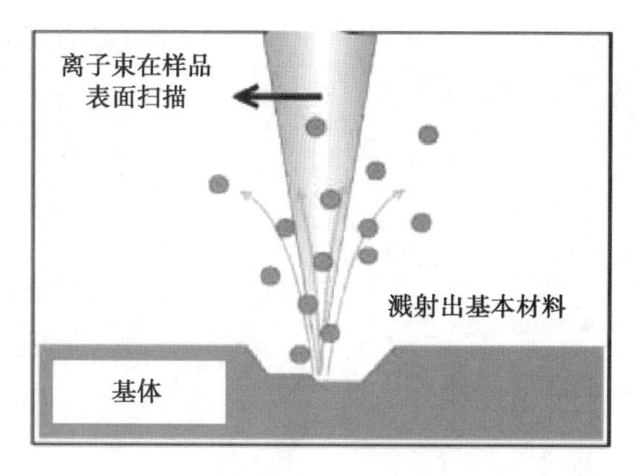

图 3.19　FIB 轰击材料表面

一步将其能量传递给周围的原子，从而形成更多的反弹原子。在级联碰撞过程中，靠近材料表面的一些反弹原子有可能获得足够动能，挣脱表面能的束缚，从材料表面逸出成为溅射原子。

离子溅射的一个核心参数是溅射产额(Sputte-ring Yield)，即每个入射离子能够产生的溅射原子数。溅射产额不但与入射离子能量有关，而且与离子束入射角度、靶材料的原子密度、质量等参数有关。

随着加工深度的增加，被溅射的原子会不可避免地沉积在孔的侧壁表面，这种现象称为再沉积(图 3.20)。再沉积现象在利用离子束溅射高深宽比结构时尤为明显，其会影响加工侧壁的陡峭度。减小再沉积影响的最有效方法是缩短离子束在每一点的停留时间，即快速多次重复扫描加工的方法，重复多次扫描可有效地将前次产生的再沉积原子溅射去除。图 3.21 所示为 FIB He 离子清洗去除再沉积表面。

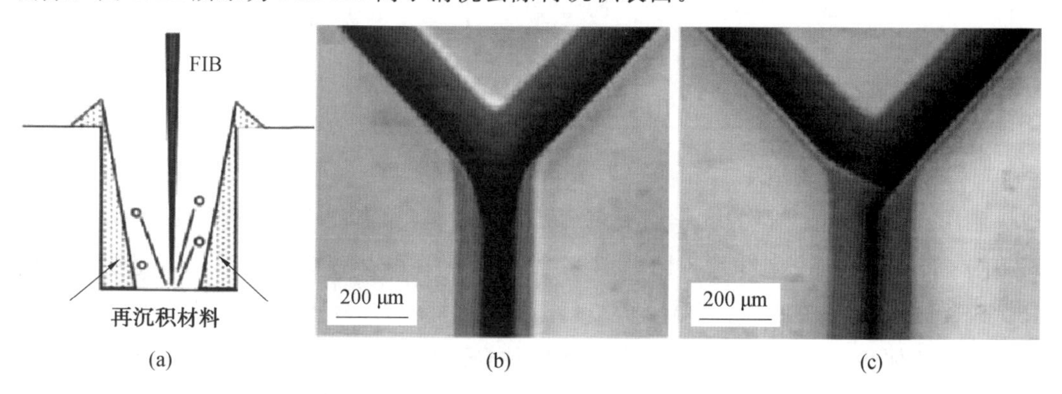

图 3.20　FIB 轰击材料表面再沉积示意图

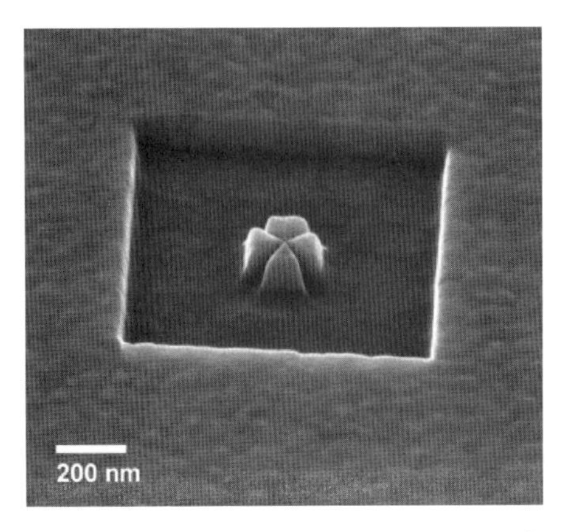

图 3.21　FIB He 离子清洗去除再沉积表面

(3)诱导沉积。

在 FIB 入射区通入诱导气体,使其吸附在固体材料表面。入射离子束的轰击使吸附的气体分子分解,从而将金属留在固体表面。FIB 诱导沉积原理图如图 3.22 所示。诱导沉积主要应用于集成电路分析与修理,以及 MEMS 器件制作。

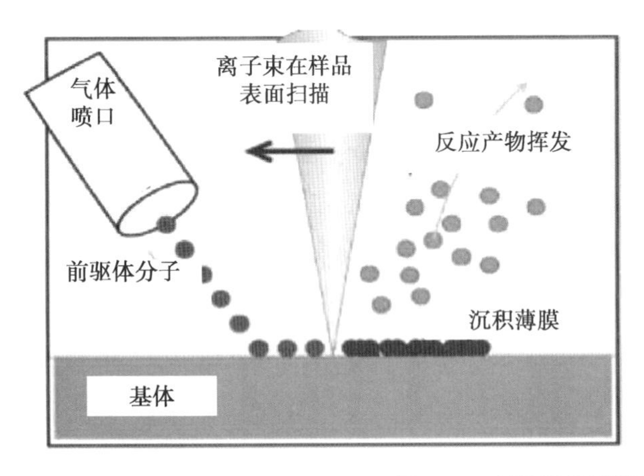

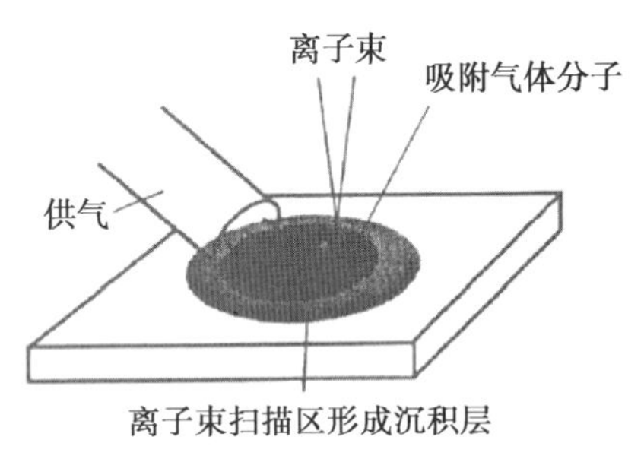

图 3.22　FIB 诱导沉积原理图

利用离子束的能量激发化学反应来沉积金属材料(如 Pt、W、Si 等)和非金属材料(如 Si、SiO_2等)。FIB 沉积工作原理图如图 3.23 所示。在气体喷口附近的局部范围产生约 130 mPa 的压强,在工件室的其他地方和离子光柱体中气压要低 2～3 个数量级。

通过气体注入系统将一些金属有机物气体(或含有 Si—O 链的有机物气体)喷涂在样品上需要沉积的区域,当离子束聚焦在该区域时,离子束能量使有机物发生分解,分解后的固体成分(如 Pt 或 SiO_2)被淀积下来,而那些可挥发的有机成分则被真空系统抽走。

图 3.24 所示为 FIB 诱导沉积应用举例。图 3.24(a)所示为利用 FIB 诱导沉积制备的纳米级尺度光栅,其最小线宽可达 10 nm;图 3.24(b)所示为利用 bitmap 文件格式导入图形后,FIB 诱导沉积得到的复杂图案,展现出 FIB 强大的加工能力;图 3.24(c)所示为 FIB 诱导沉积获得的三维纳米管,双束在构建三维结构方面也具有强大的功能;图

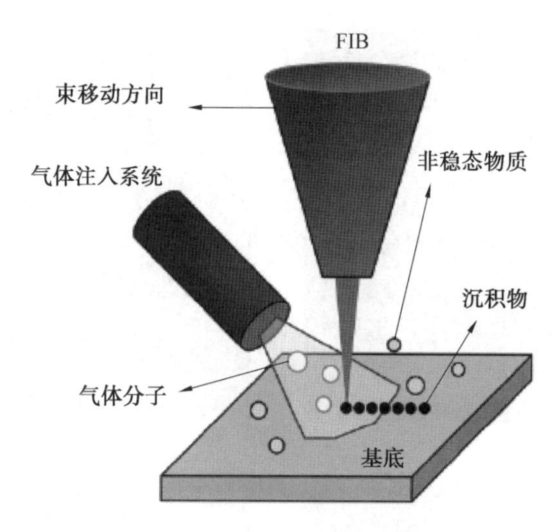

图 3.23　FIB 沉积工作原理图

3.24(d)所示为 FIB 诱导沉积制备得到的环形振荡器；图 3.24(e)所示为 FIB 诱导沉积得到的 Pt 纳米点阵列，可用于纳米电子器件方面的研究；图 3.24(f)所示为 FIB 沉积制备的三维微纳螺旋状结构，表明双束具备构建复杂三维空间结构的能力。

(4)二次离子成像。

离子光学柱将离子束聚焦到样品表面，偏转系统使离子束在样品表面做光栅式扫描，同时控制器做同步扫描。电子信号检测器接收产生的二次电子或二次离子信号去调制显示器的亮度，在显示器上得到反映样品形貌的图像。

分辨率主要取决于 FIB 的束斑直径和系统的 S/N 信噪比，分辨率低于扫描电子显微镜。FIB 轰击样品表面，激发出二次电子、中性原子、二次离子和光子等，收集这些信号，经处理显示样品的表面形貌。FIB 的成像原理与扫描电子显微镜基本相同，都是利用探测器接收激发出的二次电子来成像，不同之处是以 FIB 代替电子束。

目前 FIB 系统的成像分辨率已达 5～10 nm，尽管比扫描电子显微镜低，但 FIB 成像具有更真实反映材料表层详细形貌的优点。

当用 Ga^+ 离子轰击样品时，正电荷会优先积聚到绝缘区域或分立的导电区域，抑制二次电子的激发，因此样品上绝缘区域和分立的导体区域会在离子像上颜色较暗，而接地导体会亮些，这样就增加了离子成像的衬度。

对于同种材料，离子束成像时，不同晶面的二次电子、二次离子产额有较大的差别，造成各晶面形成不同衬度的图案。利用这一原理可以对多晶材料(如金属)薄膜的晶粒取向、晶界的分布和取向做出统计分析。

不同材料对离子束成像的贡献差别也会很大。如果材料富含碳的氧化物，离子束成像时该区域亮度就高，因此离子束相比电子束在腐蚀材料或氧化物颗粒的成像分析方面具有明显的优势。

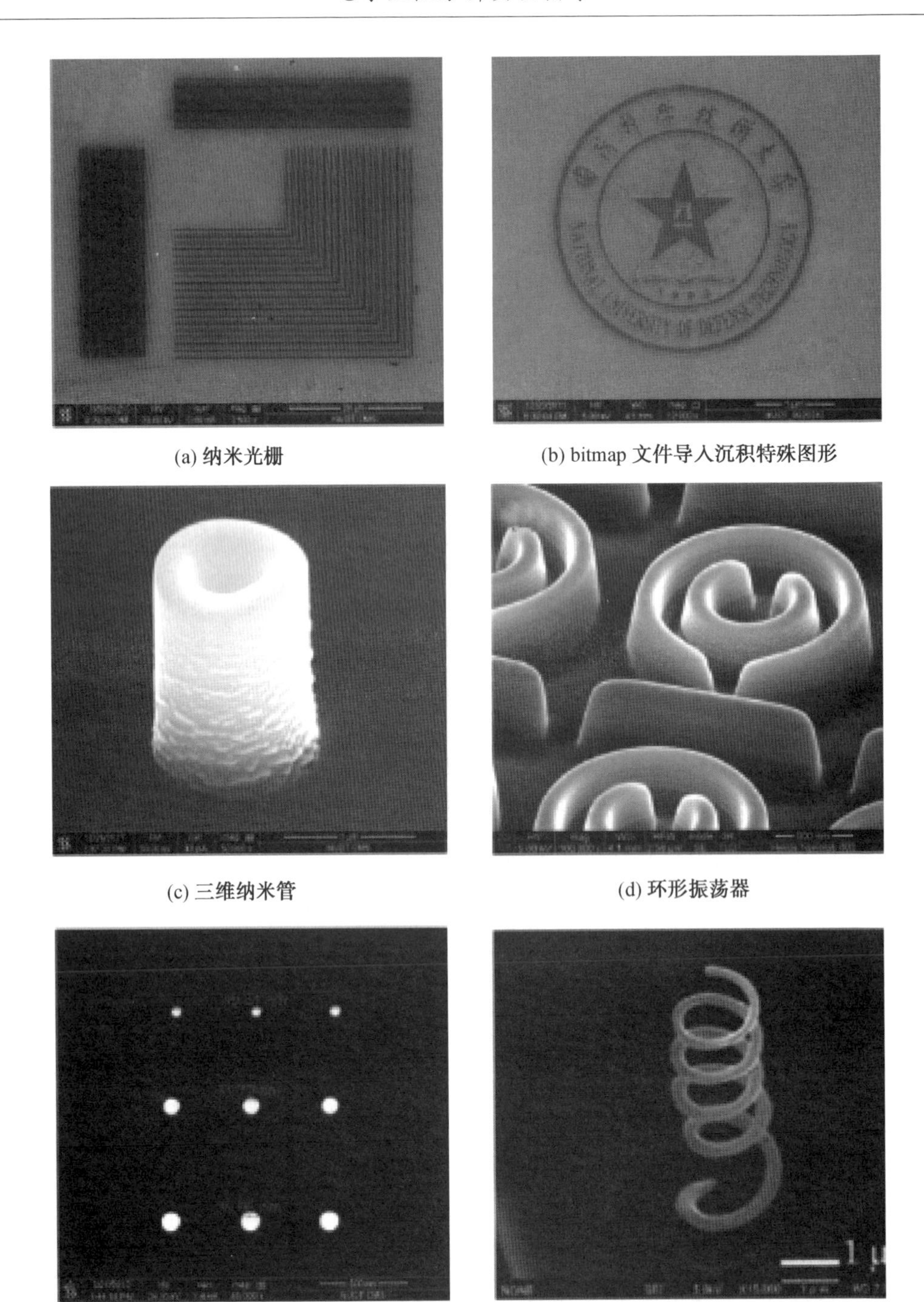
(a) 纳米光栅
(b) bitmap 文件导入沉积特殊图形
(c) 三维纳米管
(d) 环形振荡器
(e) Pt 纳米点阵列
(f) 三维微纳螺旋状结构

图 3.24 FIB 诱导沉积应用实例

Al 的二次离子成像和二次电子成像如图 3.25 所示，两者相比可以看出，二次离子成像可以获得良好的对比度，而二次电子成像可以提供较高的分辨率。对于同种材料，离子束成像时，不同晶面的二次电子产额、二次离子产额有较大的差别，造成各晶面形成不同衬度的图案。利用这一原理可以对多晶材料(如金属)薄膜的晶粒取向、晶界的分布和取向做出统计分析。

(a) 二次离子成像

(b) 二次电子成像

图 3.25　Al 的二次离子成像和二次电子成像

三、实验报告要求

(1)简述离子束与材料作用产生的信号有哪些?

(2)阐述聚焦离子束的加工原理与功能特色。

实验三　具体功能操作——以聚焦离子束透射样品的制备操作为例

一、实验目的

(1)了解聚焦离子束功能操作步骤。

(2)了解聚焦离子束制备透射样品过程。

二、聚焦离子束透射样品的制备操作过程

1. 沉积

(1)电子束沉积。

一般来讲 FIB 制备 TEM 样品包括以下几步。

①待检测区域的选取。FIB－SEM 双束系统电子束窗口下,高电压为 10～30 kV,利用二次电子或背散射模式选择待检测区域。

②电子束沉积(图 3.26)。电子束窗口下,高电压为 10～30 kV,电流为 1.3 pA～5.5 nA(样品高度为 4 mm),插入 Pt(铂)棒。在已选取的待检测区域表面进行电子束沉积铂,沉积厚度为 0.2～0.5 μm,得到位置标定的待检测区域,然后调节电压至低电压为 1～5 kV,并重新定位到位置标定的待检测区域;二次电子模式再进行电子诱导 Pt 沉积,

沉积厚度为 0.2～0.5 μm。

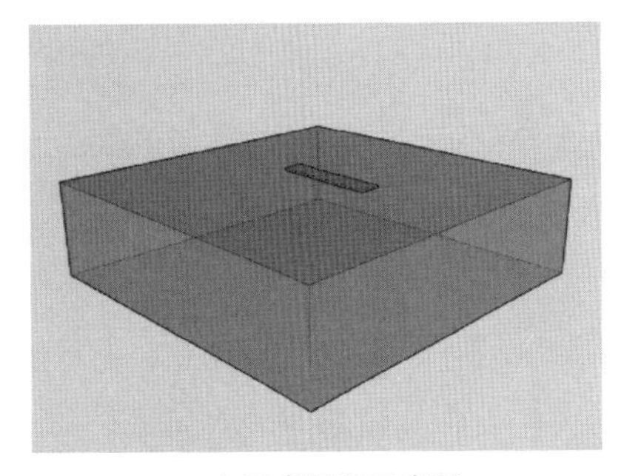

(a) 电子束沉积示意图

(b) 电子束沉积扫描图

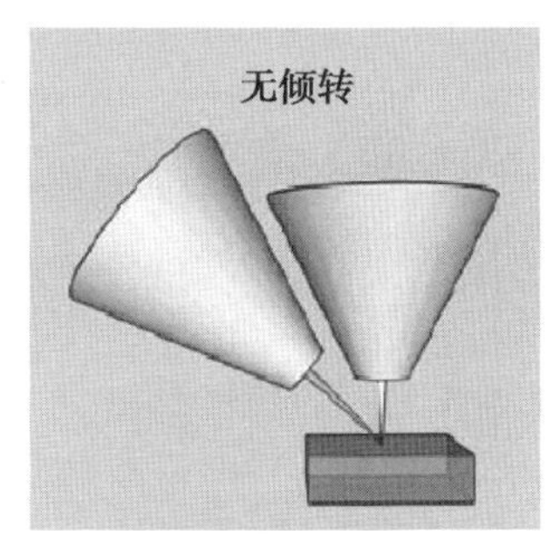

(c) 样品台倾转示意图

(d) 倾转0°电子束窗口

(e) 倾转52°电子束窗口

图 3.26　电子束沉积过程

(2)离子束沉积。

倾转样品台 52°,离子束窗口下,电压为 10～30 kV,电流为 24～80 pA,插入 Pt 棒,在位置标定的待检测区域上沉积 Pt,沉积厚度为 0.5～1.5 μm,得到 Pt 保护的待检测区域(图 3.27);Pt 保护的待检测区域的宽度为 3～5 μm。

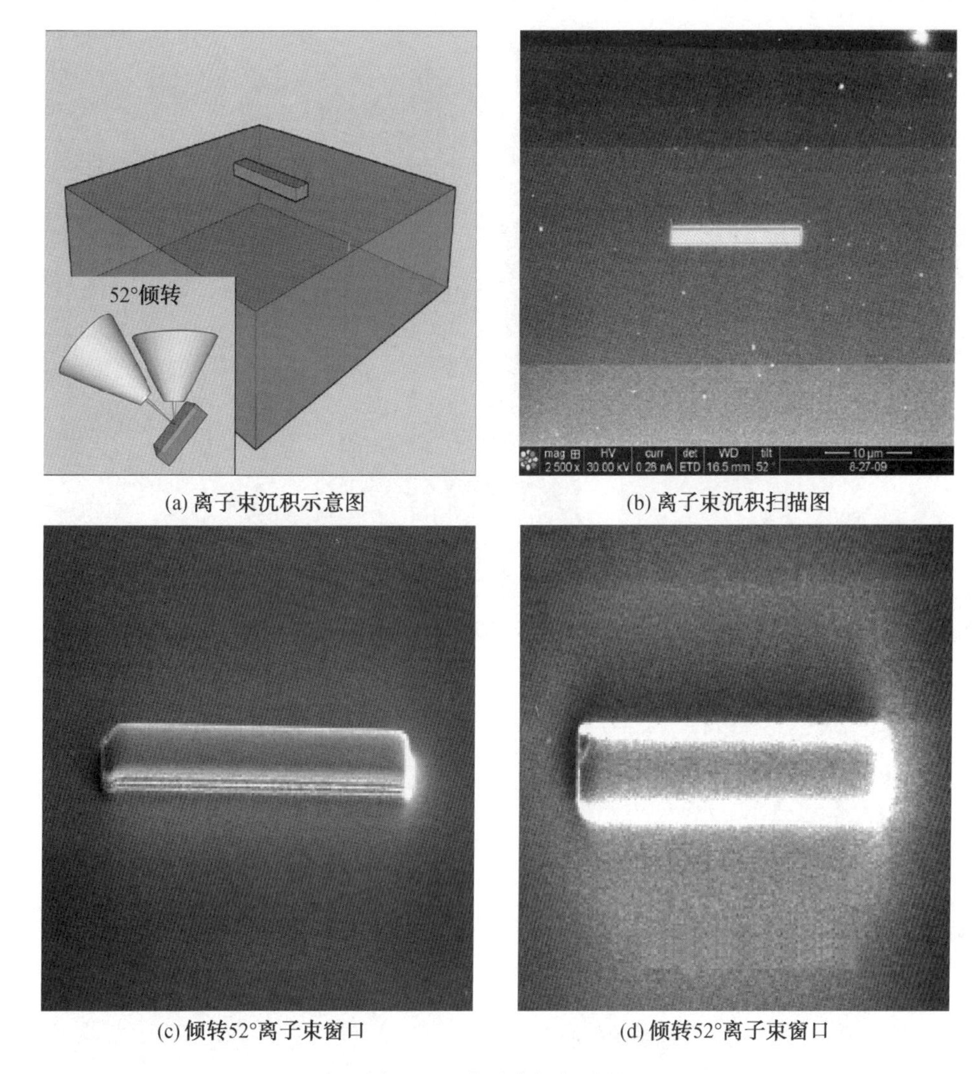

(a) 离子束沉积示意图　(b) 离子束沉积扫描图

(c) 倾转52°离子束窗口　(d) 倾转52°离子束窗口

图 3.27　离子束沉积过程

2. 粗切与细切

(1)粗切。

倾转样品台 52°，离子束窗口下，电压为 10～30 kV，电流为 9.3 nA。利用离子束在 Pt 保护的待检测区域的外围进行切割，直至切割深度为 5～10 μm，每次切割深度为 0.5～2 μm；每切割 2～4 次后，在 Pt 保护的待检测区域上补充沉积 Pt，得到粗切后的样品(图 3.28)。粗切后的样品边缘与 Pt 保护的待检测区域边缘距离为 1～5 μm。

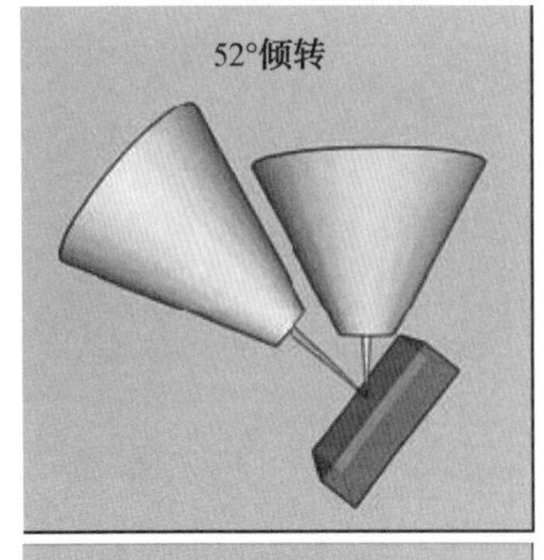

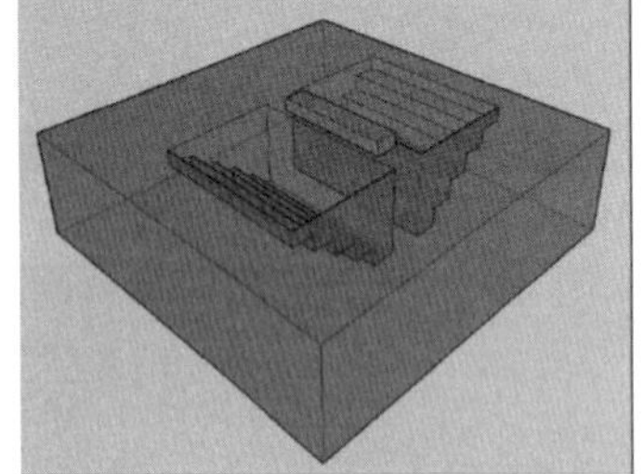

(a) 粗切示意图

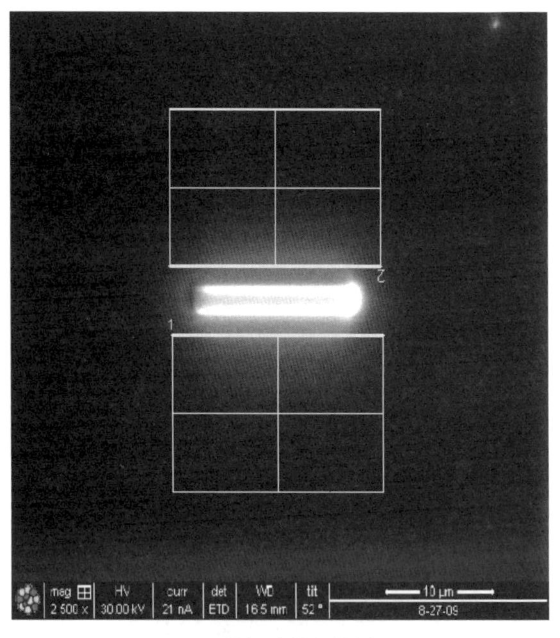

(b) 粗切过程扫描图

(c) 粗切后扫描图

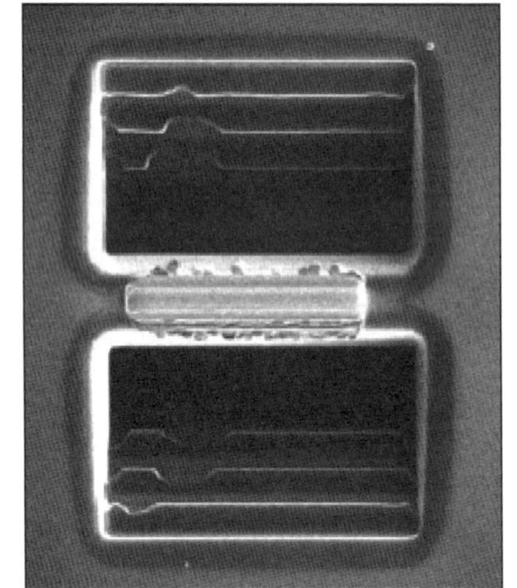

(d) 粗切后俯视扫描图

图 3.28 粗切过程

(2)细切。

倾转样品台 52°,离子束窗口下,电压为 10～30 kV,电流为 2.5 nA。利用离子束对粗切后的样品进行多次细切,切割掉 Pt 保护的待检测区域以外的区域,且减小 Pt 保护的待检测区域宽度至 0.5～2 μm,切割深度至 5～10 μm,每次切割深度为 0.5～2 μm;每切割 2～4 次后,在 Pt 保护的待检测区域上补充沉积 Pt,得到细切后侧边平直的样品(图 3.29)。

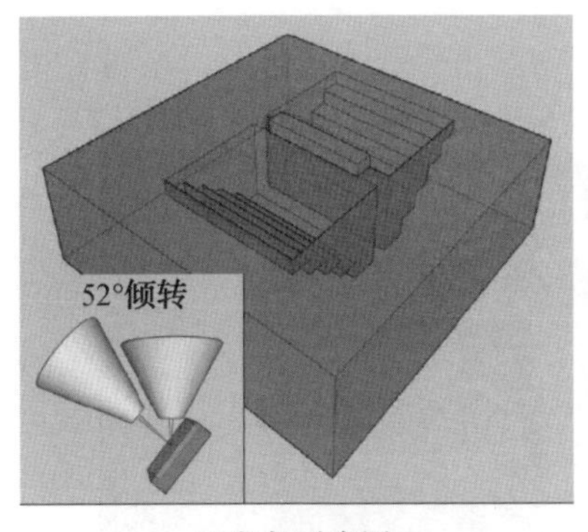

(a) 细切示意图

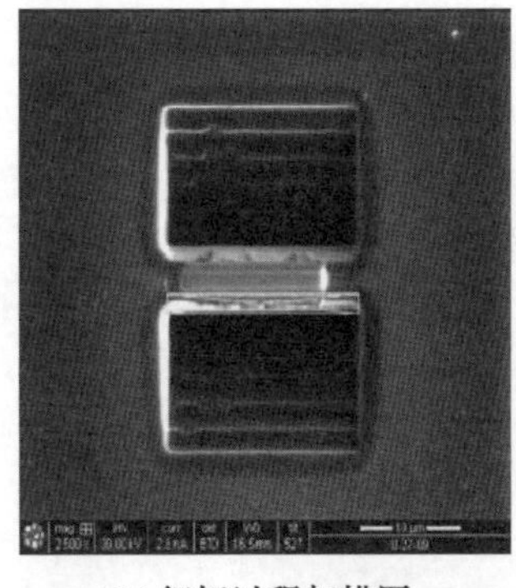

(b) 细切过程扫描图

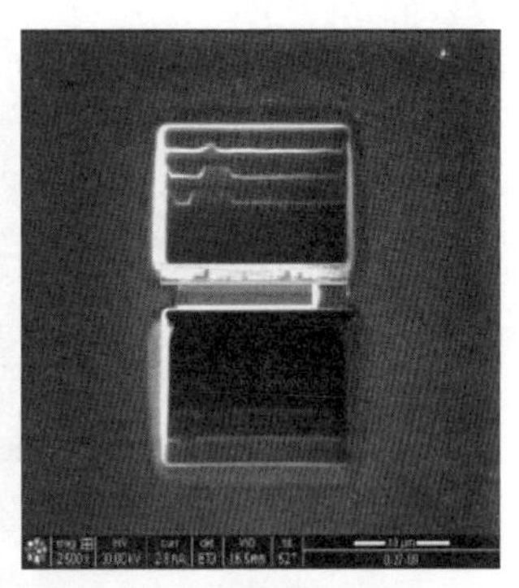

(c) 细切过程精修扫描图

(d) 细切后扫描图

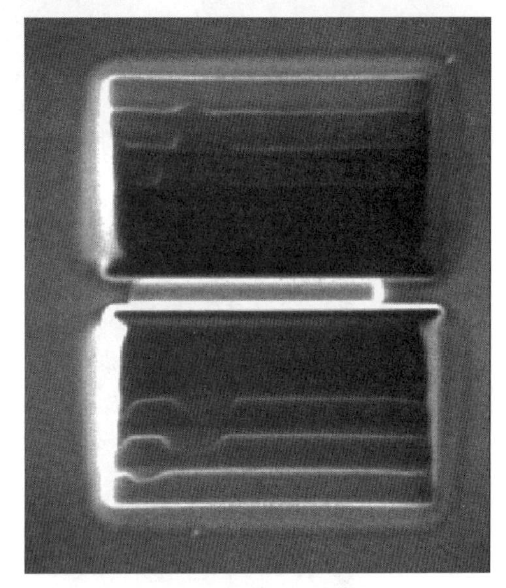

(e) 细切后俯视扫描图

图 3.29　细切过程

3. 转移

(1)U－CUT (U 形切)。

样品台不倾转下进行 U－CUT,离子束窗口下,图像旋转 180°,电压为 10～30 kV,电流为 0.79～2.5 nA。利用离子束在细切后侧边平直的样品底部切割出凹口向上的凹形缺口,且凹形缺口两侧与样品底部两侧形成支撑柱,得到底部凹形细切的样品(图 3.30)。

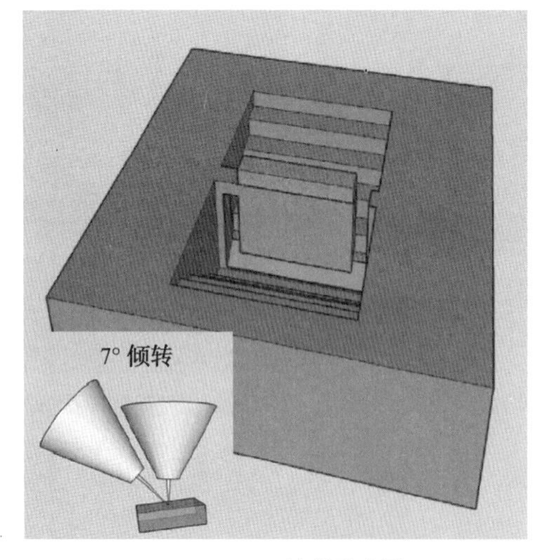

(a) U-CUT过程示意图

(b) U-CUT过程扫描图

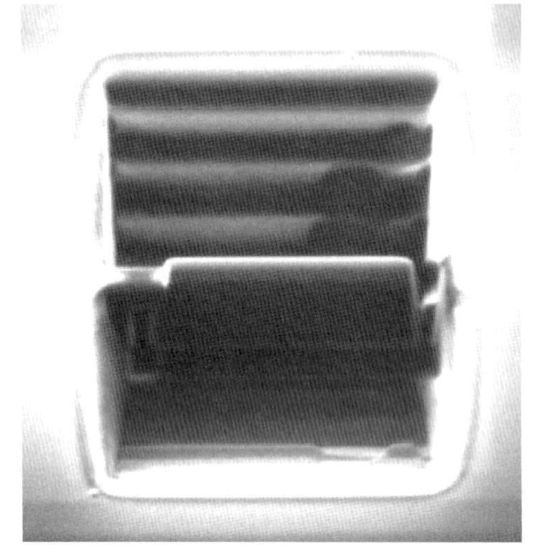

(c) U-CUT后扫描图

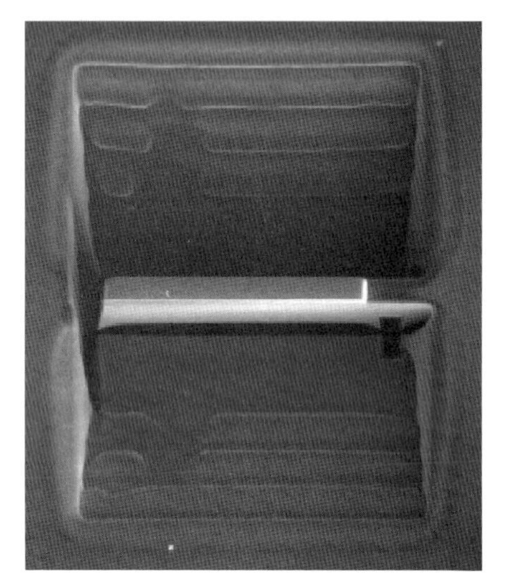

(d) U-CUT后俯视扫描图

图 3.30 U－CUT 过程

(2)提取。

样品台不倾转,离子束窗口下,电流为 24～80 pA,图像旋转 180°。插入 Pt 棒和 Omniprobe探针(图 3.31)。将探针与 U－CUT 后的样品一端轻轻接触,离子束电流设定为 80 pA。通过沉积 Pt 将探针和底部凹形细切的样品一端焊接在一起,沉积厚度为 0.3～1 μm。然后将离子束电流设定为 2.5 nA,切开凹形缺口两侧与样品底部两侧形成的支撑柱,切割过程实时观察,切开后立即停止,将电流改为 24 pA(图 3.32)。退出探针与样品,回到初始位置,退出探针和 Pt 棒(图 3.33)。

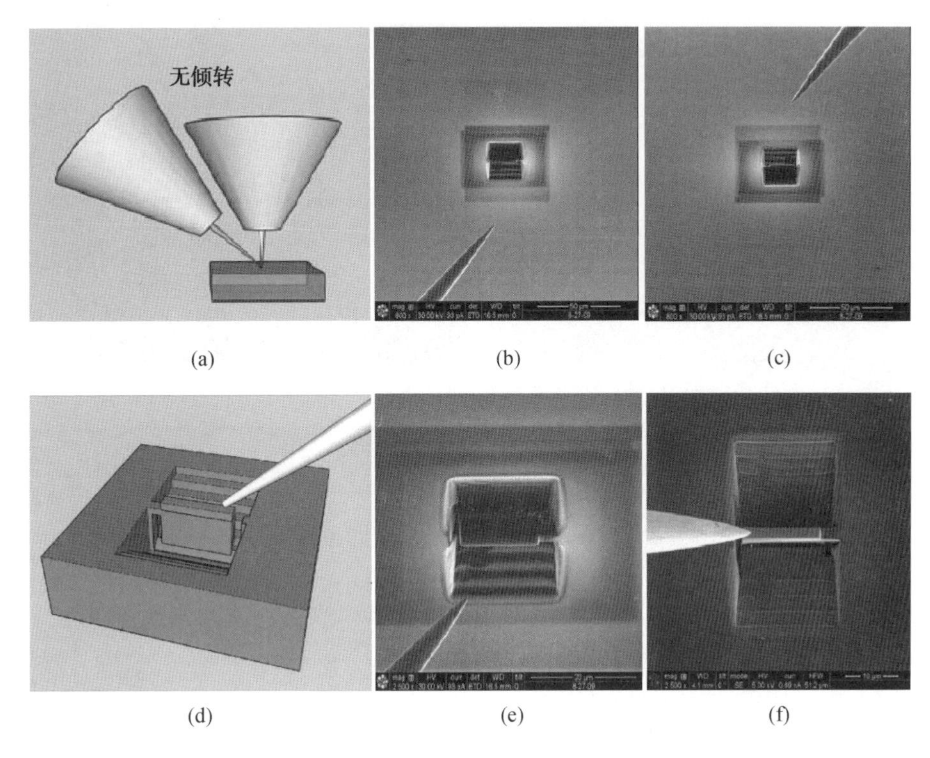

(a) (b) (c)

(d) (e) (f)

图 3.31　探针与 U－CUT 后的样品一端接触过程

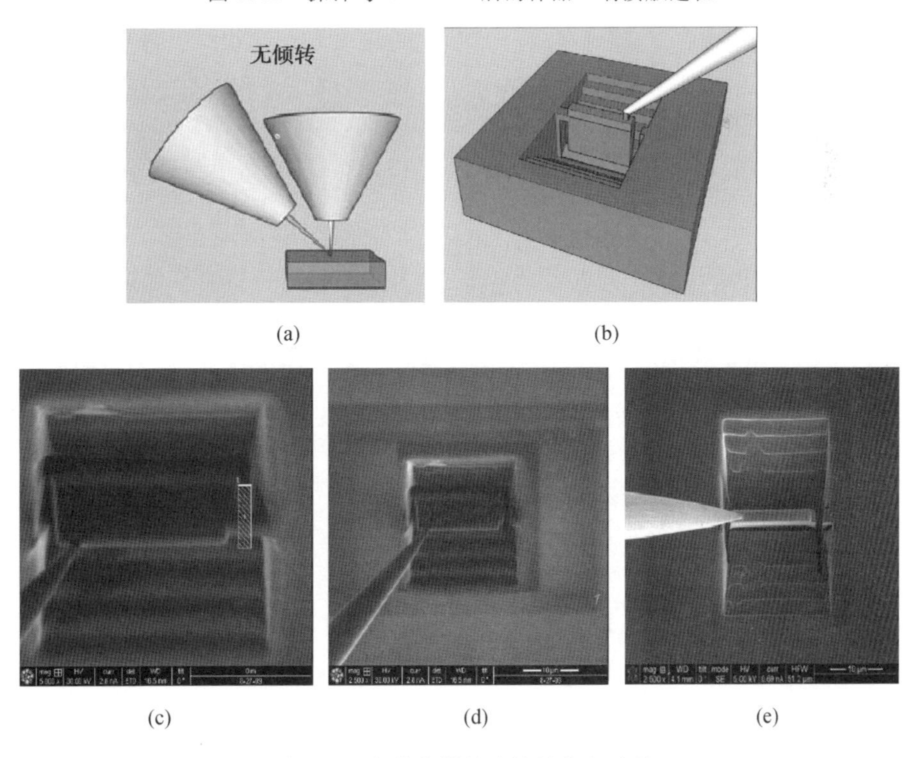

(a) (b)

(c) (d) (e)

图 3.32　探针与样品连接并分离过程

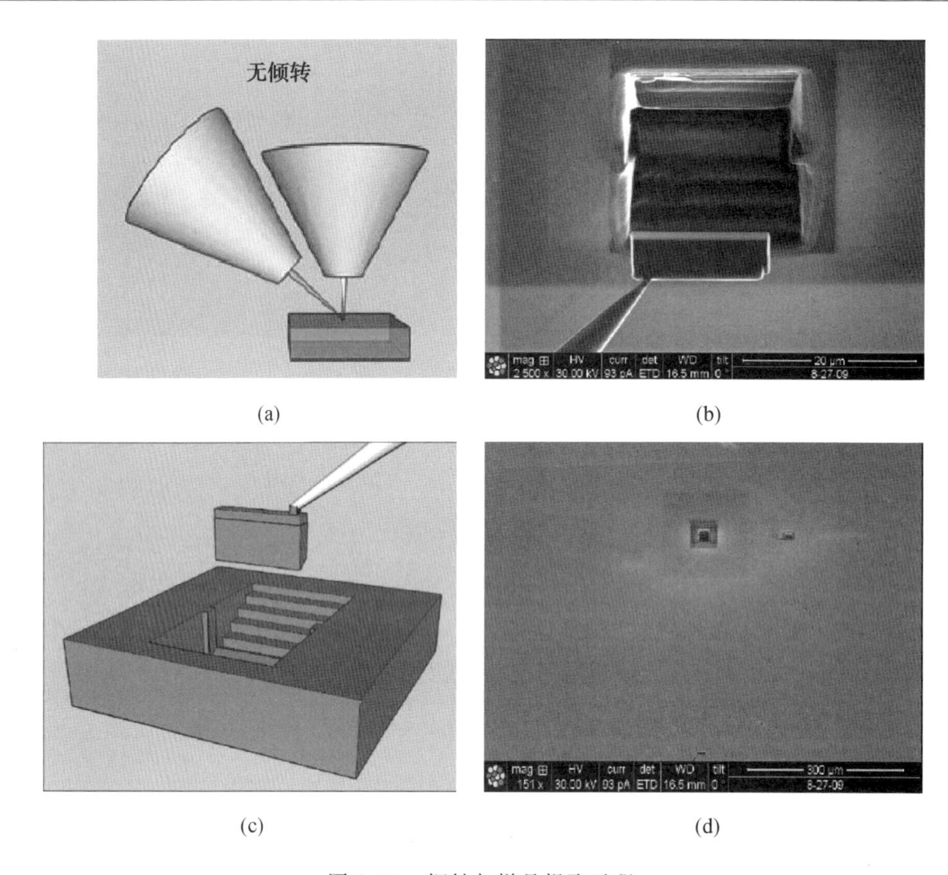

(a) (b) (c) (d)

图 3.33　探针与样品提取过程

4. 固定与减薄

(1)固定。

样品台不倾转,电子束窗口下找到透射电子显微镜制样的铜支架。离子束窗口下,电流为 24～80 pA,插入 Pt 棒和 Omniprobe 探针(图 3.34)。将带有样品的探针缓慢接近铜支架,然后离子束窗口下选择区域,沉积 Pt,将样品固定于铜支架上,沉积厚度 0.5～1 μm。然后将离子束电流设定为 2.5 nA,切开样品与探针的连接处,切割过程实时观察,切开后立即停止,随后将电流改为 24 pA(图 3.35)。将探针退回到初始位置,退出探针和 Pt 棒。

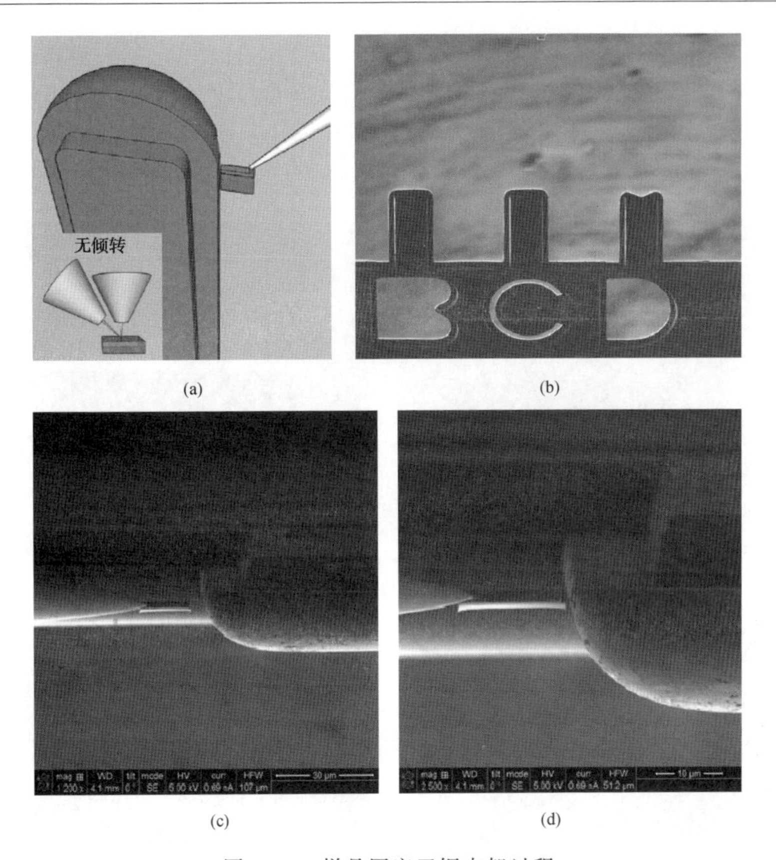

图 3.34　样品固定于铜支架过程

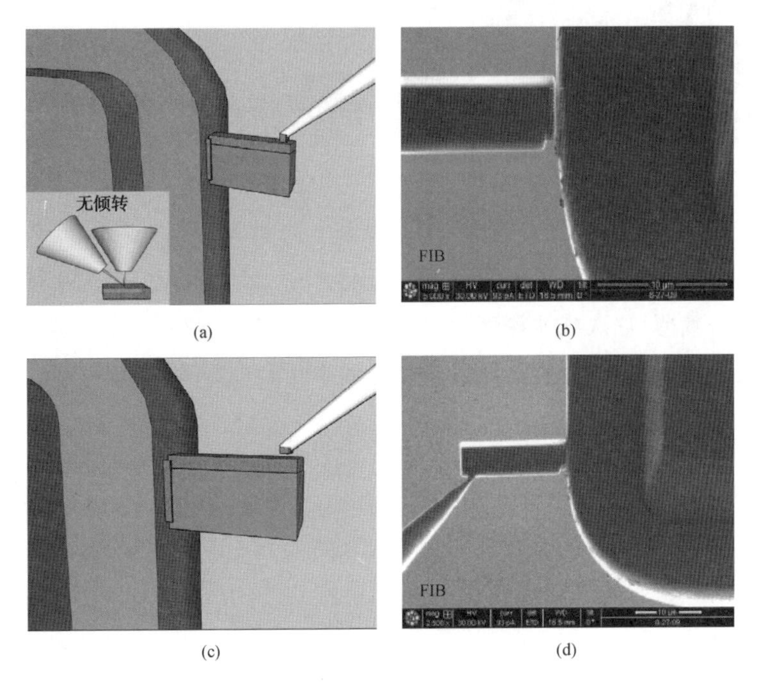

图 3.35　探针与样品分离过程

(2)减薄。

倾转样品台53°～54°,离子束窗口下,电压为30 kV,电流为80 pA,利用离子束对固定后的样品进行减薄,逐次减薄深度为0.1～0.5 μm,减薄至不超过样品厚度的一半(图3.36)。

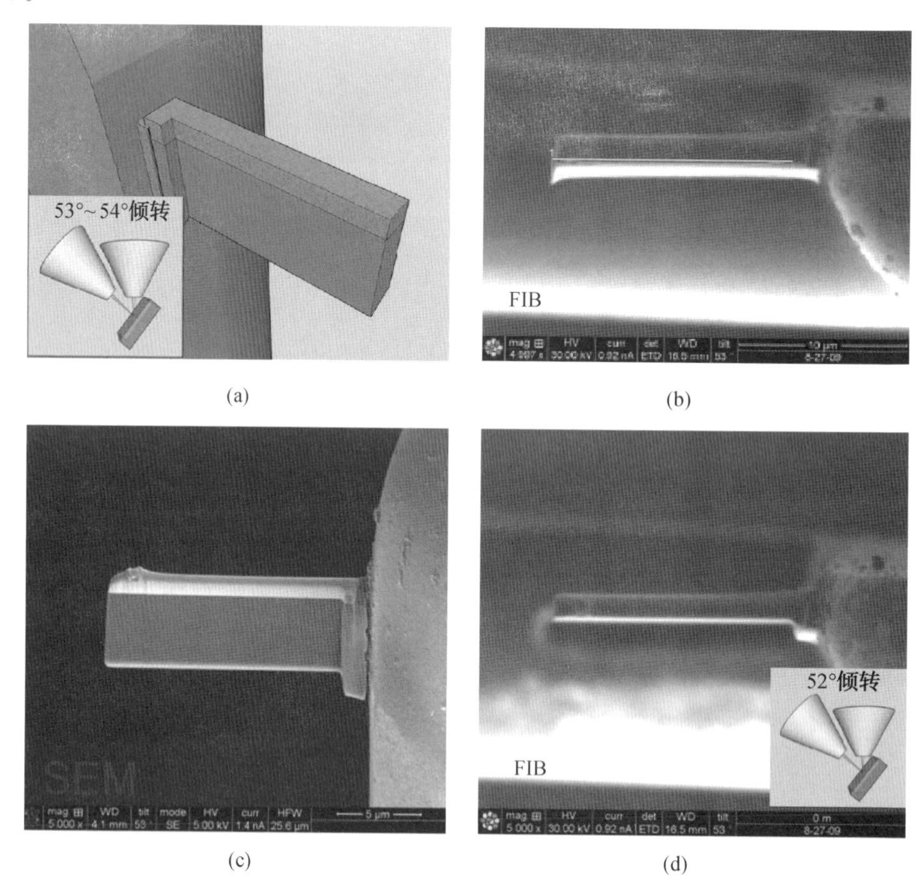

(a) (b) (c) (d)

图3.36 倾转样品台53°～54°减薄过程

倾转样品台51°～52°,离子束窗口下,电压为30 kV,电流为80 pA,利用离子束对固定后的样品进行减薄,逐次减薄深度为0.1～0.5 μm(图3.37)。

依次重复上述两个过程,直至样品厚度达到100 nm以下(图3.38)。

图 3.37　倾转样品台 51°～52°减薄过程

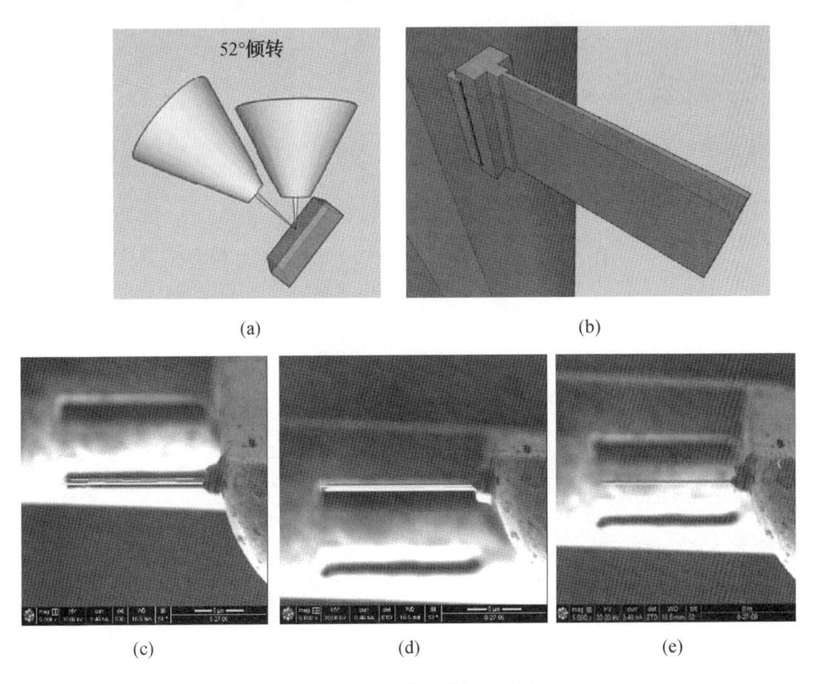

图 3.38　减薄后样品图像

(3)清洗。

分别倾转样品台 45°～48°和 54°～57°，离子束窗口下，电压为 5 kV，电流为 24 pA，利用离子束对减薄后的样品进行清洗，清洗时间为 1～3 min，清洗后的样品如图 3.39 和图 3.40 所示。

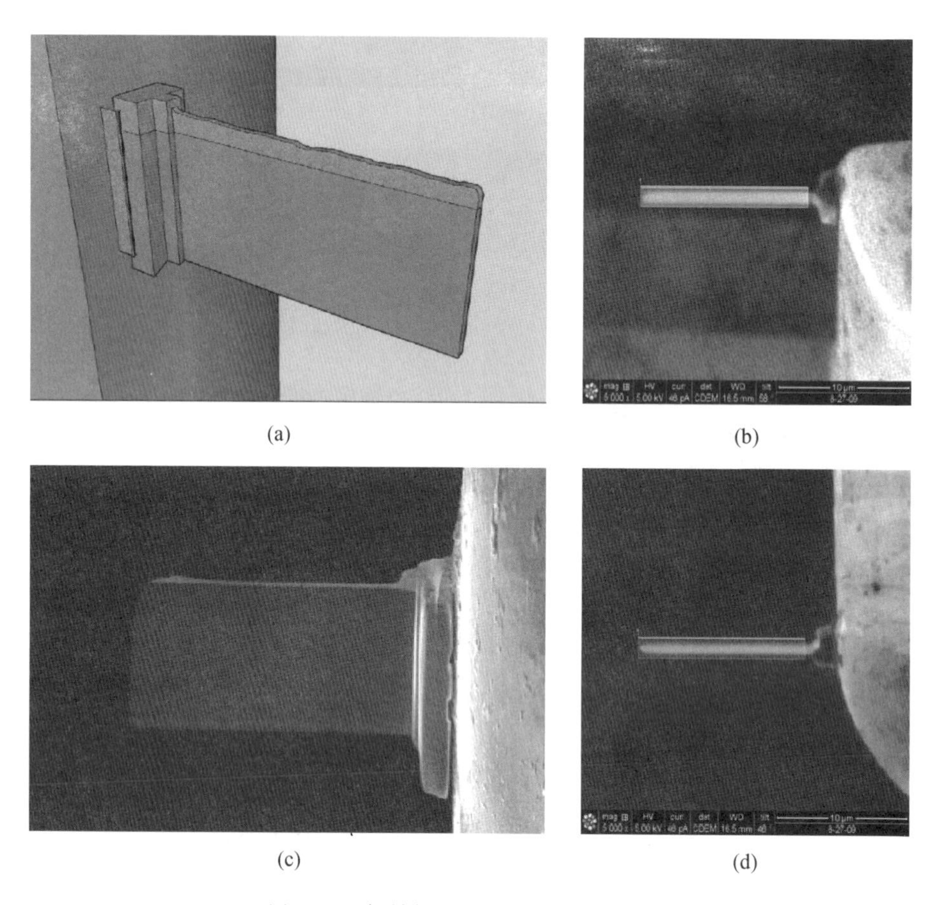

图 3.39　倾转样品台 45°～48°清洗过程

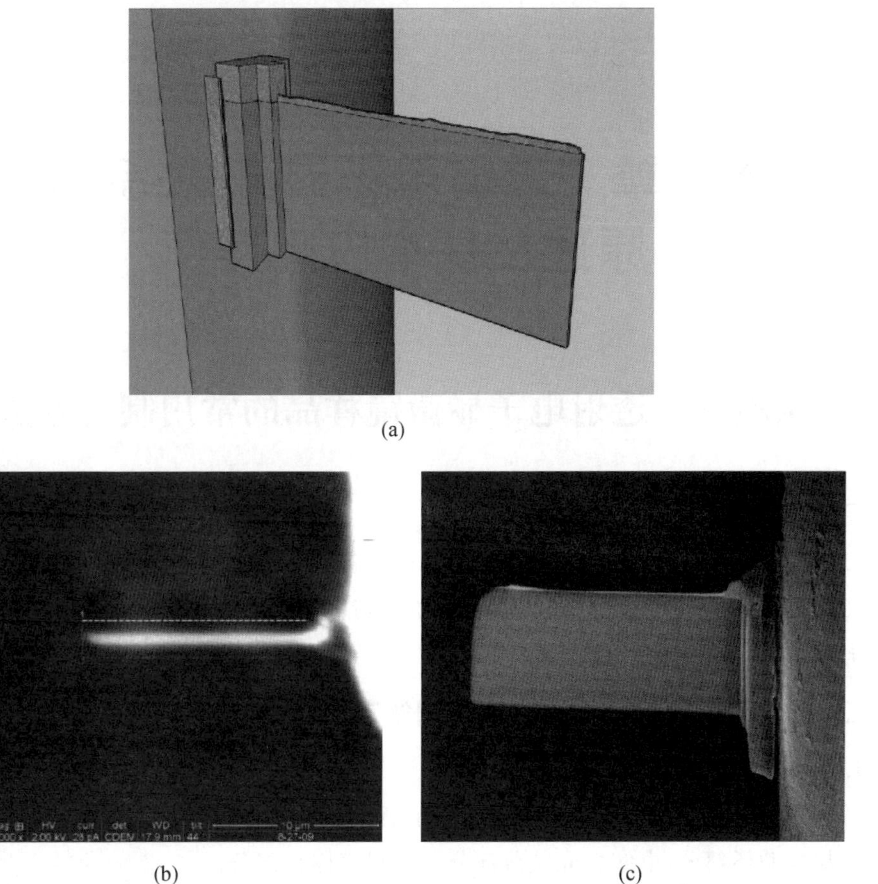

(a)

(b)　　(c)

图3.40　倾转样品台54°～57°清洗过程

三、实验报告要求

(1)聚焦离子束功能操作步骤有哪些?

(2)简述聚焦离子束制备透射样品过程。

第4章　透射电子显微镜结构、原理及基本应用操作

实验一　透射电子显微镜样品的常用制备方法

一、实验目的

(1)熟悉和了解透射电子显微镜样品常用制备方法的特点及应用范围。

(2)结合透射电子显微镜分析实例,分析双喷电解减薄法和离子减薄法两种方法的优势和劣势。

二、透射电子显微镜样品的常用制备方法

1. 双喷电解减薄法

图4.1所示为双喷电解抛光装置原理示意图及实物图。此装置主要由三部分组成:电解冷却与循环部分,电解抛光减薄部分以及观察样品部分。

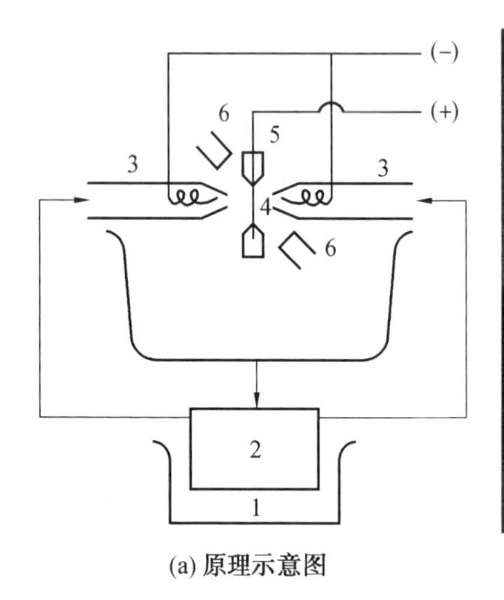

(a) 原理示意图

(b) 实物图

图4.1　双喷电解抛光装置原理示意图及实物图

1—冷却设备;2—泵、电解液;3—喷嘴;4—样品;5—样品架;6—光导纤维管

①电解冷却与循环部分。泵经喷嘴把电解液打在样品表面上。低温循环电解减薄,不使样品因过热而氧化,同时又可得到表面平滑而光亮的薄膜,如图4.1中1、2部分所示。

②电解抛光减薄部分。电解液由泵打出后，通过相对的两个 Pt 阴极玻璃嘴喷到样品表面。喷嘴口径为 1 mm，样品放在聚四氟乙烯制作的夹具上，如图 4.2 所示。样品通过直径为 0.5 mm 的 Pt 丝与不锈钢阳极之间保持电接触，调节喷嘴位置使两个喷嘴位于同一直线上，如图 4.1 中 3 部分所示。

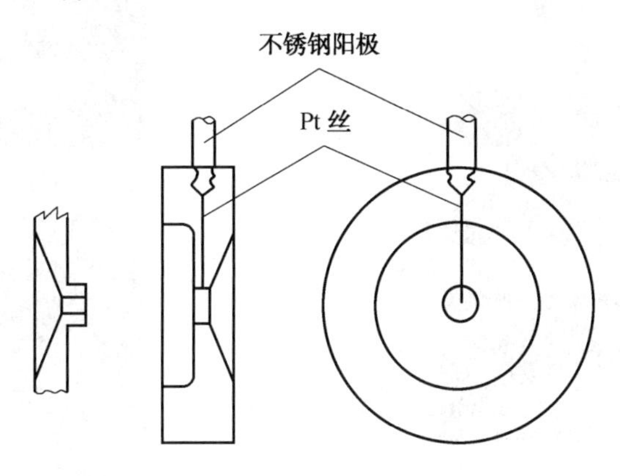

图 4.2　样品夹具

③观察样品部分。电解抛光时一根光导纤维管把外部光源传送到样品的一个侧面。当样品刚一穿孔时，透过样品的光通过样品另一侧的光导纤维管传到外面的光电管，切断电解抛光射流，并发出报警声响。

2. 离子减薄法

离子减薄法不仅适用于可用双喷电解减薄法减薄的各种透射样品，还适用于双喷电解减薄法不能减薄的样品，如陶瓷材料、高分子材料、矿物、多层结构材料、复合材料等。例如，用双喷电解减薄法穿孔后，孔边缘过厚或穿孔后样品表面氧化，皆可用离子减薄法继续减薄直至样品的厚薄合适或去掉氧化膜为止。离子减薄法用于高分辨电子显微镜观察的透射样品，通常双喷电解减薄穿孔后，再进行离子减薄，严格按操作规范进行减薄，就可得到薄而均匀的观察区。该法的缺点是减薄速度慢，通常制备一个好的透射样品需要十几个小时甚至更长时间。此外，样品减薄过程中会有一定的温升，且如果操作不当，样品会受到辐射损伤。图 4.3(a)所示为离子减薄仪，图 4.3(b)是铝合金样品中上部已减出孔洞，图 4.3(c)是该铝合金样品拍摄的透射高分辨照片。

(1) 离子减薄装置。

离子减薄装置由工作室、电系统、真空系统三部分组成。

①工作室是离子减薄装置的一个重要组成部分，它是由离子枪、样品台、显微镜、微型电机等组成。在工作室内沿水平方向有一对离子枪，样品台上的样品中心位于两枪发射出来的离子束中心，离子枪与样品的距离为 25～30 mm 左右。两个离子枪均可以倾斜，根据减薄的需要可调节枪与样品的角度，通常调节成 7°～ 20°角。样品台能在自身平面内旋转，以使样品表面均匀减薄。为了在减薄期间能随时观察样品的减薄情况，在样品下

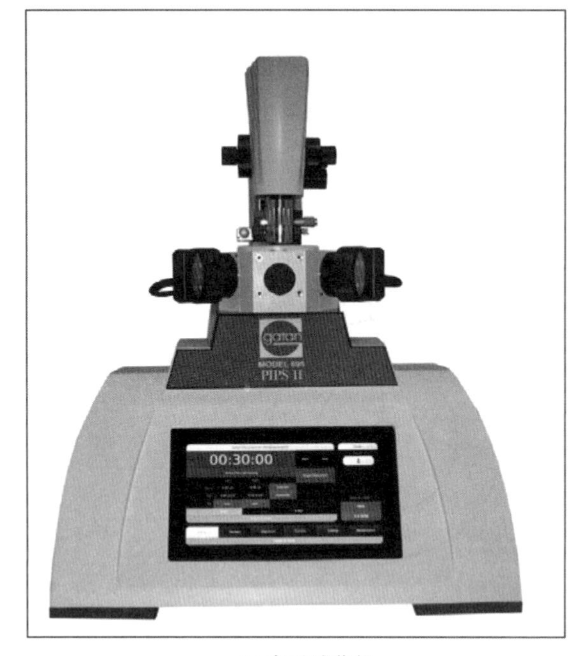

(b) 铝合金样品中上部已减出孔洞

(a) 离子减薄仪

(c) 该铝合金样品拍摄的透射高分辨照片

图 4.3　离子减薄实物图及样品加工孔洞、透射高分辨照片

面装有光源，在工作室顶部装有显微镜。当样品被减薄透光时，打开光源在显微镜下可以观察到样品的透光情况。

②电系统主要包括供电、控制及保护三部分。

③真空系统可保证工作室处于高真空状态。

(2)离子减薄的工作原理。

稀薄气体 Ar 在高压电场作用下辉光放电产生 Ar 离子，Ar 离子穿过盘状阴极中心孔时受到加速与聚焦，产生高速运动的 Ar 离子流射，作用到样品表面，对其进行轰击，达到减薄样品的目的。

三、双喷电解减薄法和离子减薄法制备透射电子显微镜样品的过程

1. 双喷电解减薄法制备样品的过程

(1)切薄片。

①用电火花(Mo 丝)线切割机床或锯片机从样品上切割下厚约 0.2～0.3 mm 的薄片。在冷却条件下热影响区很薄，一般不会影响样品原来的显微组织形态。

②在小冲床上将薄片冲成直径为 3 mm 的小样品。

(2)预减薄。

预减薄分为机械减薄和化学减薄两类。

①机械减薄：机械减薄是用砂纸手工磨薄至 50 μm，注意均匀磨薄，样品不能扭折以

免产生过大的塑性变形，引起位错及其他缺陷密度的变化。具体操作方法是用 502 胶将切片粘到玻璃块或其他金属块的平整平面上，用系列砂纸（从 300 号粗砂纸至金相 4 号砂纸）磨至一定程度后将样品反转后继续研磨。注意样品反转时，通过丙酮（CH_3COCH_3）溶解或用火柴微微加热使膜与磨块脱落。反转后样品重新粘到磨块上，重复上述过程，直至样品切片膜厚达到 50 μm。

②化学减薄是直接适用于切片的减薄，减薄快速且均匀，但事先需要磨去 Mo 丝切割留下的纹理，同时，磨片面积应尽量大于 1 cm^2。普通钢用 HF、H_2O_2 及 H_2O，比例为 1∶4.5∶4.5 的混合溶液，浸泡 6 min 左右即可减薄至 50 μm，且效果良好。最后，将预减薄的厚度均匀、表面光滑的样品膜片在小冲床上冲成直径为 3 mm 的小圆片以备用。

(3)电解抛光减薄。

电解抛光减薄是最终减薄，用双喷电解减薄仪进行，目前电解减薄装置已经规范化。将预减薄的直径为 3 mm 的样品放入样品夹具(图 4.2)。要保证样品与 Pt 丝接触良好，将样品夹具放在喷嘴之间，调整样品夹具、光导纤维管和喷嘴在同一水平面上，喷嘴与样品夹具距离约为 15 mm，而且喷嘴垂直于样品。电解液循环泵马达转速应调节到能使电解液喷射到样品上。按样品材料的不同设置不同抛光条件参数，常见金属材料双喷电解抛光条件参数见表 4.1。当样品需要在低温条件下电解抛光时，可先放入干冰和酒精冷却，温度控制在－20～－40 ℃，或采用半导体冷阱等专门装置。由于样品材料与电解液的不同，因此最佳抛光规范要发生改变，最有利的电解抛光条件可通过在电解液温度及流速恒定时，作电流－电压曲线确定。双喷抛光法的电流－电压曲线一般接近于直线，如图 4.4 所示。对于同一种电解液，不同抛光材料的直线斜率差别不大，很明显，图中 *B* 处条件符合要求，可获得大而平坦的电子束所能透射的面积。

表 4.1　常见金属材料双喷电解抛光条件参数

材　料	电　解　液	技　术　条　件	
		电压/V	电流/mA
Al	10%高氯酸酒精	45～50	30～40
Ti 合金	10%高氯酸酒精	40	30～40
不锈钢	10%高氯酸酒精	70	50～60
Si 钢片	10%高氯酸酒精	70	50
Ti 钢	10%高氯酸酒精	80～100	80～100
马氏体时效钢	10%高氯酸酒精	80～100	80～100
6%Ni 合金钢	10%高氯酸酒精	80～100	80～100

(4)制成的样品。

图 4.5 所示为最后制成的薄膜样品，样品制成后应立即在酒精中进行两次漂洗，以免残留电解液继续腐蚀金属薄膜表面。注意：从抛光结束到漂洗完成，动作要迅速，争取在几秒钟内完成，否则将前功尽弃。

(5)样品制成后应立即观察。

暂时不观察的样品要妥善保存，可根据样品抗氧化能力选择保存方法。若样品抗氧化能力很强，只要保存在干燥器内即可；若样品抗氧化能力弱(易氧化)，则要放在甘油($C_3H_8O_3$)、丙酮(CH_3COCH_3)、无水酒精(C_2H_5OH)等溶液中保存。

双喷法制备的薄膜样品有较厚的边缘，中心穿孔有一定的透明区域，不需要放在电子显微镜铜网上，可直接放在样品台上观察。总之，在制备过程中要仔细、认真，不断地总结经验，一定会得到满意的样品。

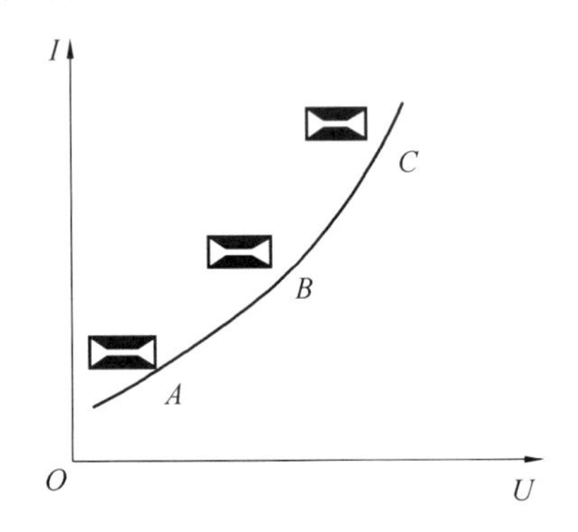

图 4.4　双喷抛光法电流—电压曲线

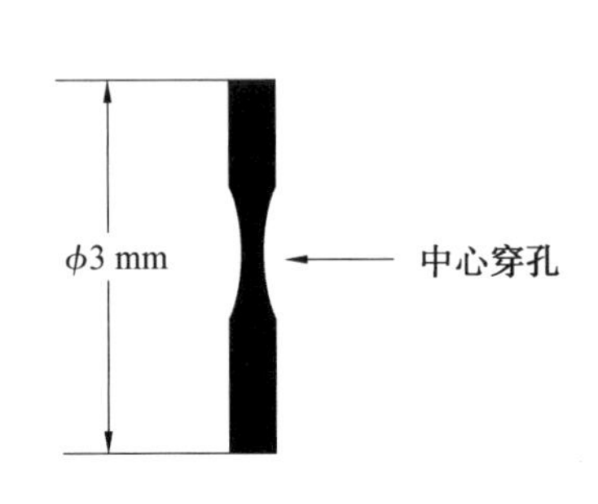

图 4.5　最后制成的薄膜样品

2. 离子减薄法制备透射样品的程序

(1) 切片。

从大块试样上切下薄片。对金属、合金、陶瓷，切片厚度应不小于 0.3 mm；对岩石和矿物等脆、硬样品，要用金刚石刀片或金刚石锯切下在毫米数量级的薄片。

(2) 研磨。

用汽油、丙酮、酒精等介质去除试样表面油污之后，用黏结剂将清洗干净的样品粘在玻璃片上，然后进行研磨，直至样品厚度减小到 30～50 μm 为止。操作过程同双喷电解减薄中样品的预减薄过程一样。将厚度为 30～50 μm 的预减薄样品利用冲孔器加工成成直径 ϕ3 mm 的小圆片。

(3) 离子减薄。

为提高减薄效率，一般情况下，减薄初期采用高电压、大束流、倾斜角度为 20°等参数设置，以此在样品表面获得大陡坡的薄化。这个阶段约占整个制样时间的一半。然后，降低高压、束流与倾斜角度(一般为 15°)，使大陡坡的薄化逐渐转化为小陡坡直至穿孔。最后以 7°～10°的角度、适宜的电压与电流继续减薄，以获得平整而宽阔的薄区。

四、实验报告要求

(1)简述双喷电解减薄法与离子减薄法的制备过程。

(2)结合具体透射电子显微镜分析实例,分析双喷电解减薄法与离子减薄法的优缺点。

实验二　透射电子显微镜的基本结构及工作原理

一、实验目的

(1)结合透射电子显微镜实物,介绍其基本结构及工作原理,以加深对透射电子显微镜结构的整体印象,加深对透射电子显微镜工作原理的理解。

(2)结合合适的透射样品,通过成像操作和衍射操作,进一步理解成像操作和衍射操作的基本原理。

二、透射电子显微镜的基本结构及工作原理

透射电子显微镜(简称透射电镜)是一种具有高分辨率、高放大倍数的电子光学仪器,被广泛应用于材料科学等学科的研究领域。透射电子显微镜以波长极短的电子束作为照明源,电子束经过聚光镜系统的电磁透镜聚焦成一束近似平行的光线穿透样品,再经成像系统的电磁透镜成像和放大,然后电子束投射到主镜筒最下方的荧光屏上形成所观察的图像。在材料科学研究领域,透射电子显微镜主要可用于材料微区的组织形貌观察、晶体缺陷分析和晶体结构测定。图 4.6 所示为目前常见的透射电子显微镜实物图。

透射电子显微镜按加速电压分类,通常可分为常规电子显微镜(100 kV)、高压电子显微镜(300 kV)和超高压电子显微镜(500 kV 以上)。提高加速电压,可缩短入射电子的波长,一方面有利于提高透射电子显微镜的分辨率,另一方面又可以提高入射电子对样品的穿透能力,这不但可以放宽对样品减薄的要求,而且厚样品与近二维状态的薄样品相比,更接近三维的实际情况。但是,加速电压过高会对样品组织结构起到破坏作用。

根据目前各研究领域使用的透射电子显微镜来看,其三个主要性能指标大致如下:①加速电压为 80～300 kV;②点分辨率为 0.2～0.35 nm,线分辨率为 0.1～0.2 nm;③最高放大倍数为 30 万～100 万倍。

尽管近年来商品透射电子显微镜的型号越来越多,高性能多用途的透射电子显微镜不断出现,但总体说来,透射电子显微镜一般由电子光学系统、真空系统、电源及控制系统三大部分组成。此外,还包括一些附加的仪器、部件和软件等。有关透射电子显微镜的工作原理可参照教材,并结合实验室的透射电子显微镜,根据具体情况进行介绍和讲解。以下仅对透射电子显微镜的基本结构做简单介绍。

(a) FEI F30透射电镜

(b) FEI Talos 200FX透射电镜

(c) 日本电子ARM200F球差透射电镜

(d) FEI超快透射电镜

图 4.6 透射电子显微镜实物图

1. 透射电子显微镜的基本结构

透射电子显微镜三大组成部分中电子光学系统是核心部分，包括照明系统、成像系统和观察记录系统。图 4.7 所示为透射电子显微镜的一般性剖面结构。

(1)照明系统。

照明系统主要由电子枪和聚光镜组成。电子枪就是产生稳定的电子束流的装置，电子枪发射电子形成照明光源，根据产生电子束原理的不同，可分为热发射电子枪和场发射电子枪两种，如图 4.8 和图 4.9 所示。

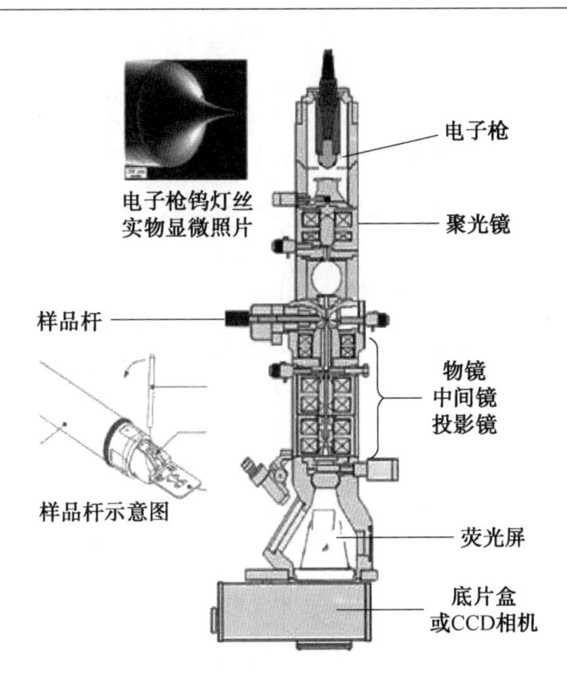

图 4.7　透射电子显微镜的一般性剖面结构

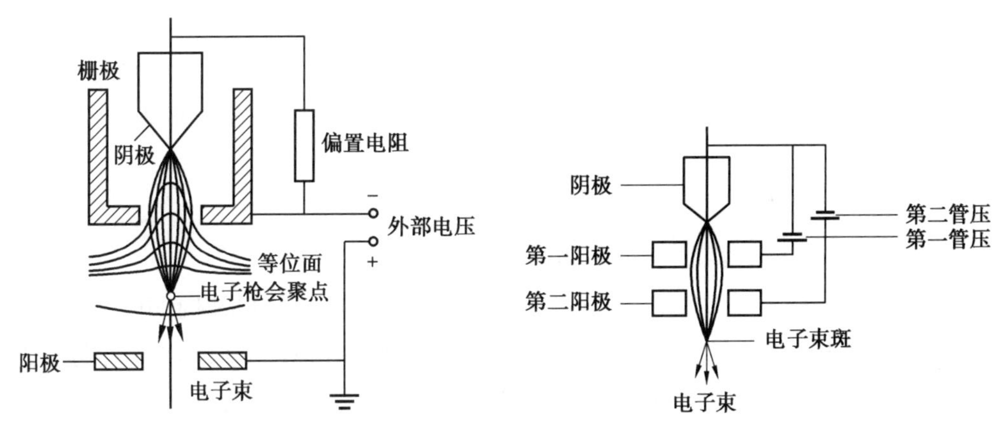

图 4.8　热发射电子枪　　　　图 4.9　场发射电子枪

聚光镜可将电子枪发射的电子会聚成亮度高、相干性好、束流稳定的电子束照射样品，聚光镜的构造如图 4.10 所示。透射电子显微镜一般都采用双聚光镜系统。第一聚光镜具有强励磁电流特征，因而聚光能力强；第二聚光镜具有弱励磁电流特征，聚光能力相对减弱。

(2)成像系统。

成像系统由物镜、中间镜和投影镜组成。

物镜是成像系统中第一个电磁透镜，强励磁短焦距($f=1\sim3$ mm)，Mo－物镜放大倍数一般为 100～300 倍，分辨率可高达 0.1 nm。物镜质量的好坏直接影响整个系统的成像质量。物镜未能分辨的结构细节，中间镜和投影镜同样不能分辨，它们只是将物镜的成

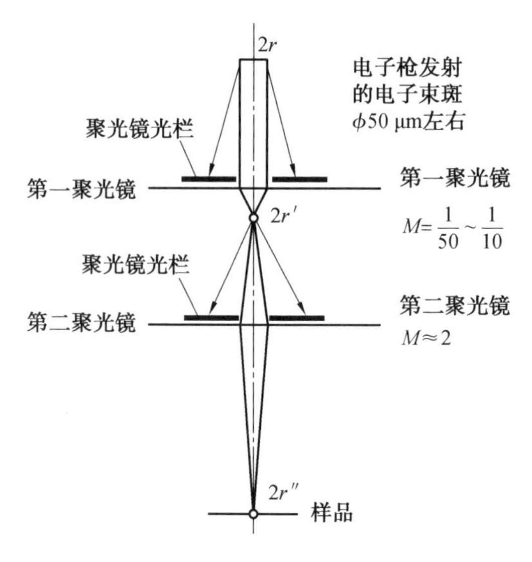

图 4.10　聚光镜的构造

像进一步放大而已。提高物镜分辨率是提高整个系统成像质量的关键。

中间镜是电子束在成像系统中通过的第二个电磁透镜，位于物镜和投影镜之间，弱励磁长焦距（放置光栏需空间），Mi－中间镜放大倍数为 0～20 倍。

投影镜是成像系统中最后一个电磁透镜，强励磁短焦距，其作用是将中间镜形成的像进一步放大，并投影到荧光屏上。投影镜景深大，即使中间镜的像发生移动，也不会影响在荧光屏上得到清晰的图像。

(3)观察记录系统。

观察记录系统主要由荧光屏和照相机构组成。

荧光屏是在 Al 板上均匀喷涂荧光粉制得的，主要是在观察分析时使用，当需要拍照时可将荧光屏翻转 90°，让电子束在照相底片上感光数秒钟即可成像。荧光屏与感光底片相距有数厘米，但由于投影镜的焦长很大，这样的操作并不影响成像质量，所拍照片依旧清晰。

整个透射电子显微镜的光学系统均在真空中工作，但电子枪、镜筒和照相室之间相互独立，且设有电磁阀，可以单独抽真空。更换灯丝、清洗镜筒、照相操作均可分别进行，且不影响其他部分的真空状态。为了屏蔽镜筒内可能产生的 X 射线，观察窗由铅(Pb)玻璃制成，加速电压愈高，配置的 Pb 玻璃就愈厚。此外，在超高压电子显微镜中，由于观察窗 Pb 玻璃增厚，直接从荧光屏观察微观细节比较困难，此时可运用安置在照相室中的 CCD 相机来完成，曝光时间由图像的亮度自动确定。

2. 主要附件

(1)样品倾斜装置(样品台)。

样品台是位于物镜上极靴和下极靴之间承载样品的重要部件，如图 4.11(a)所示，它可使样品在极靴孔内平移、倾斜、旋转，以便找到合适的区域或位向，进行有效观察和分析。样品杆前端圆孔位置就是放置样品的地方，如图 4.11(b)、图 4.11(c)所示。

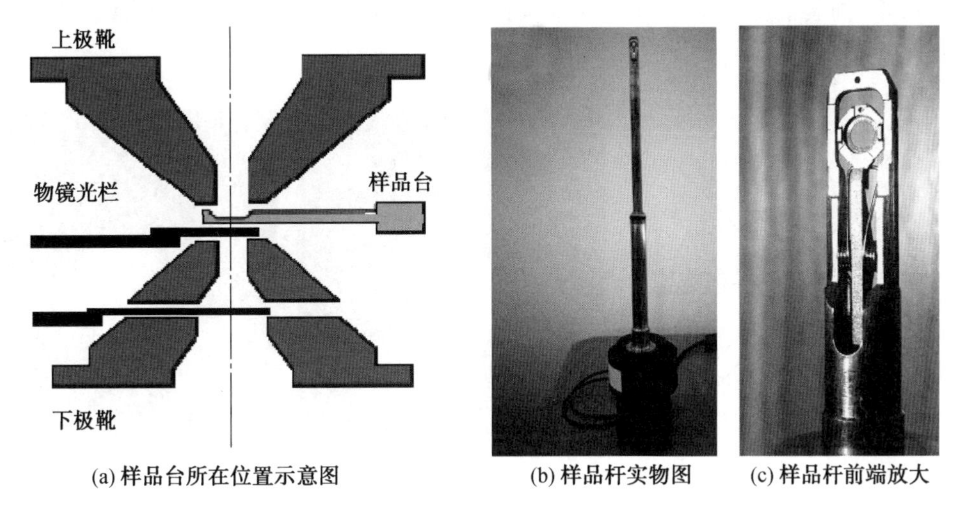

(a) 样品台所在位置示意图　(b) 样品杆实物图　(c) 样品杆前端放大

图 4.11　样品台所在位置示意图及样品杆实物图

(2)电子束的平移和倾斜装置。

透射电子显微镜中电子束的平移、倾斜是靠电磁偏转器来实现的。图 4.12 所示为电磁偏转器的工作原理图，电磁偏转器由上、下两个偏置线圈组成，通过调节偏置线圈电流的大小和方向改变电子束偏转的程度和方向。

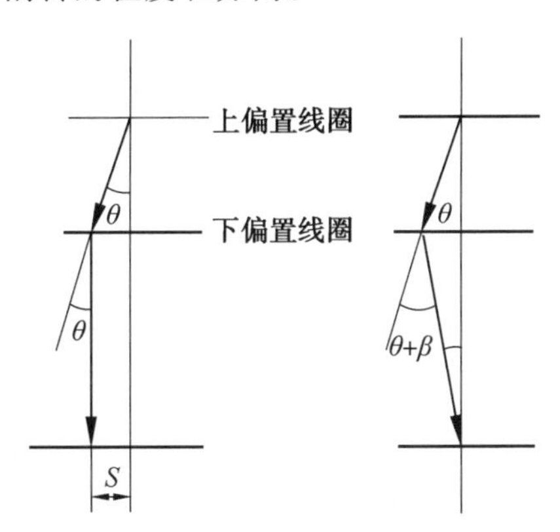

图 4.12　电磁偏转器的工作原理图

①当上、下偏置线圈的偏转角度相等，但方向相反时，可实现电子束的平移。

②若上偏置线圈使电子束逆时针偏转 θ 角，而下偏置线圈使电子束顺时针偏转 $\theta+\beta$ 角，则电子束相对于入射方向倾转 β 角，此时入射点的位置保持不变，可实现中心暗场操作。

(3)消像散器。

像散是由于电磁透镜的磁场非旋转对称，它直接影响透镜的分辨率，为此，在透镜上极靴和下极靴之间安装消像散器,可基本消除像散。图 4.13 为电磁式消像散器原理图及像散对电子束斑形状的影响。由图 4.13(b)和图 4.13(c)可知,未装消像散器时,电子束斑为椭圆形,加装消像散器后,电子束斑为圆形,加装消像散器可基本上消除聚光镜的像散对电子束的影响。

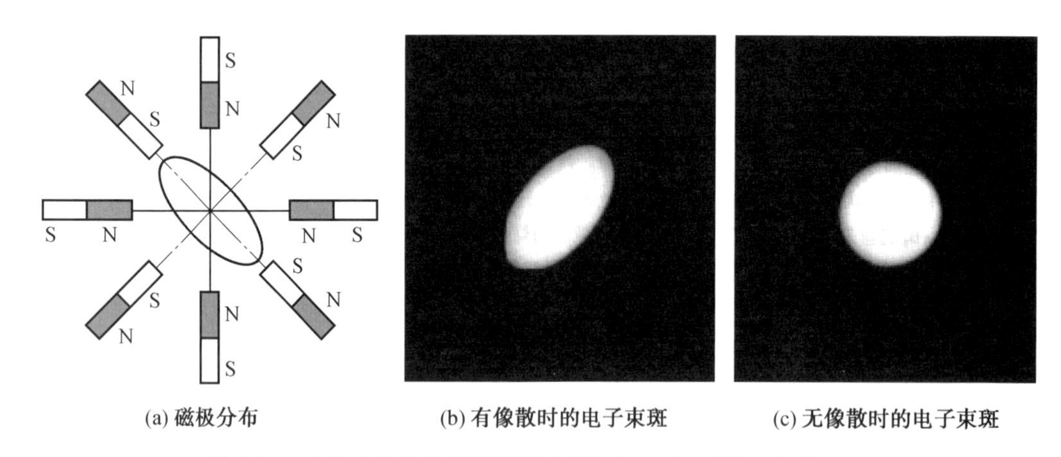

(a) 磁极分布　　(b) 有像散时的电子束斑　　(c) 无像散时的电子束斑

图 4.13　电磁式消像散器原理图及像散对电子束斑形状的影响

(4)光阑。

光阑是为挡掉发散电子,保证电子束的相干性和电子束所照射区域而设计的带孔小片,电子束通过光阑示意图和光阑实物图如图 4.14 所示。根据安装在透射电子显微镜中位置的不同,光阑可分为聚光镜光阑、物镜光阑和中间镜光阑三种。

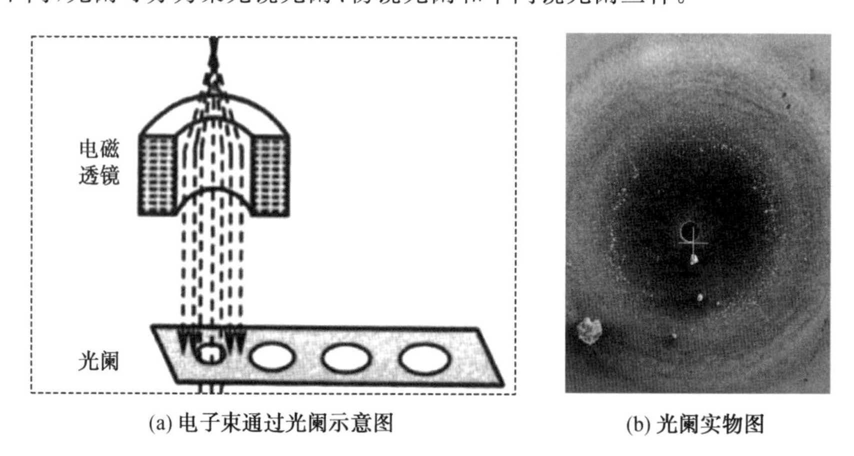

(a) 电子束通过光阑示意图　　(b) 光阑实物图

图 4.14　电子束通过光阑示意图和光阑实物图

聚光镜光阑的作用是限制电子束的照明孔径半角。在双聚光镜系统中通常位于第二聚光镜的后焦面上。聚光镜光阑的孔径一般为 20～400 μm。

物镜光阑位于物镜的后焦面上,孔径一般为 20～120 μm。其作用是:减小孔径半角,提高成像质量;进行明场和暗场操作。

中间镜光阑位于中间镜的物平面或物镜的像平面上,让电子束通过光阑孔限定的区域对所选区域进行衍射分析，故中间镜光阑又称选区光阑。

三、成像操作与衍射操作

通过调整励磁电流(即改变中间镜的焦距)改变中间镜物平面与物镜后焦面之间的相对位置，可完成中间镜的成像操作与衍射操作，如图 4.15 所示。如图 4.15(a)所示，当中间镜的物平面与物镜的像平面重合时，投影屏上将出现微区组织的形貌像，这样的操作称为成像操作。如图 4.15(b)所示，当中间镜的物平面与物镜的后焦面重合时，投影屏上将出现所选区域的衍射花样，这样的操作称为衍射操作。

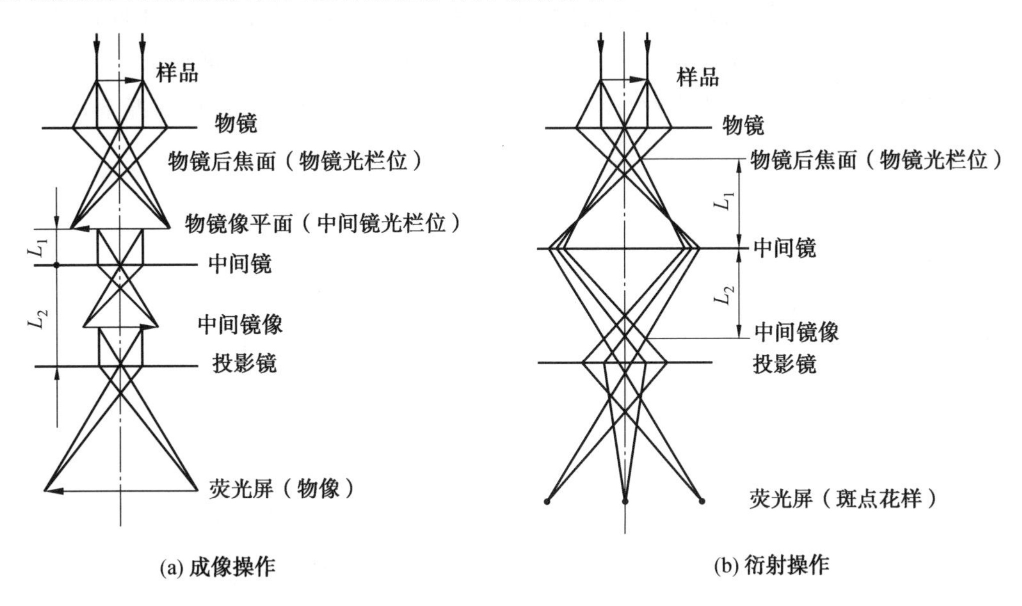

图 4.15　中间镜的成像操作与衍射操作

图 4.16 所示为衍射花样形成原理图，样品放置在反射球心 O 处，在其下方距离 L 处是荧光屏或底片，O'是透射斑点，G'是衍射斑点。2θ 很小，因此 g_{hkl}与 k 接近垂直，故可得 $\triangle OO^{*}G \backsim \triangle OO'G'$，所以有

$$R/L = g/k$$

即

$$Rd = L\lambda \tag{4.1}$$

$$R = L\lambda g \tag{4.2}$$

式中　L——相机长度；

λ——电子束波长；

d——衍射晶面间距。

式(4.2)是电子衍射基本公式，其中 $K = L\lambda$ 称为电子衍射相机常数。

如图 4.16 所示，因 g_{hkl}与 k 接近垂直，可认为 $R /\!/ g_{\mathrm{hkl}}$，因此可将式(4.2)写成矢量式

$$\boldsymbol{R} = L\lambda \boldsymbol{g} = K\boldsymbol{g} \tag{4.3}$$

式(4.3)表明,衍射斑点矢量 $\boldsymbol{R}$ 是相应晶面倒易矢量 $\boldsymbol{g}$ 的比例放大,因此 K 也称为电子衍射的放大率。若倒易原点附近的倒易阵点均落在反射球面上,则相应的晶面就可以产生衍射,所获得的衍射花样就是零层倒易平面上阵点排列的投影。简单来说,衍射斑点可直接看成是相应衍射晶面的倒易阵点,各个斑点的矢量 $\boldsymbol{R}$ 就是相应的倒易矢量 $\boldsymbol{g}$。

以上是没有考虑物镜存在的情况,当考虑物镜存在时,衍射花样形成示意图如图4.17所示。透射电子显微镜中的电子发生衍射时,物镜焦距 f_0 起到相机长度 L 的作用,而物镜背焦面上的衍射斑点间距 r 相当于底片上的衍射斑点间距 R,因此,$r = f_0\lambda g$。物镜背焦面上的衍射花样经中间镜和投影镜放大后,有 $L' = f_0M_iM_p$,式中,M_i 为中间镜放大倍数,M_p 为投影镜放大倍数。$R' = rM_iM_p$,称 L' 为有效相机长度,可得 $R' = \lambda L'g$。$K' = \lambda f_0M_iM_p$ 称为有效相机常数,K' 将随 f_0、M_i、M_p 变化而改变。一般情况下,不需区分 L 和 L'。

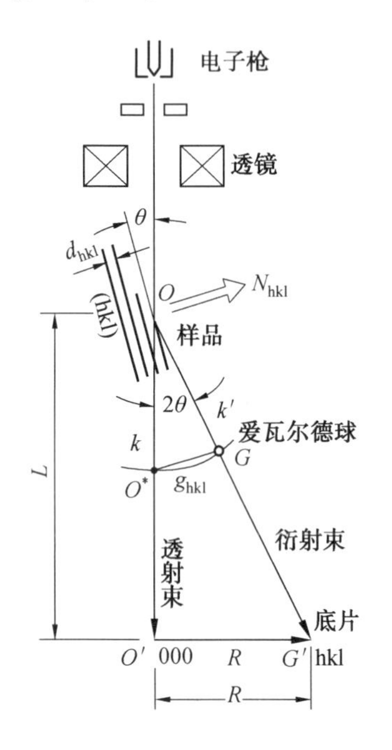

图 4.16　衍射花样形成原理图

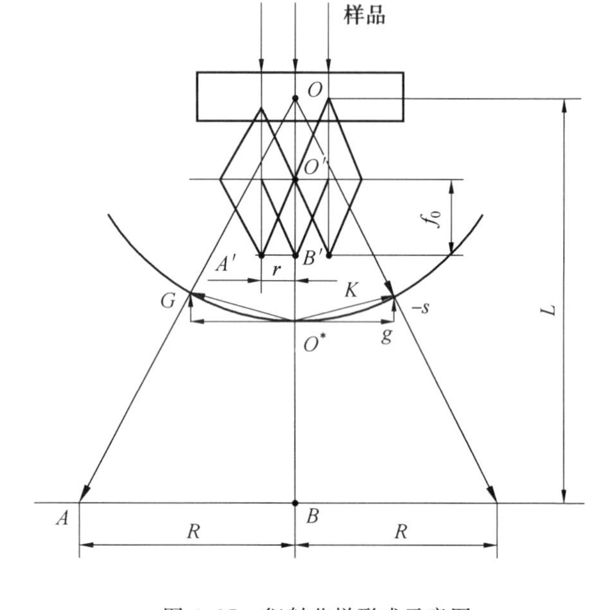

图 4.17　衍射花样形成示意图

四、实验报告要求

(1)阐述成像操作和衍射操作的基本原理。

(2)结合具体透射电子显微镜分析实例,简述成像操作和衍射操作的基本过程。

实验三　透射电子显微镜明场成像与暗场成像操作与解析

一、实验目的

(1)通过明场成像与暗场成像的实际操作演示，加深对明场成像与暗场成像原理的理解。

(2)选择合适的透射样品，结合明场成像操作与暗场成像操作，使学生能够利用明场成像原理与暗场成像原理来分析和观察材料中的特殊结构。

二、透射电子显微镜明场成像与暗场成像的原理

由于晶体薄膜样品明场成像与暗场成像的衬度(即不同区域的亮暗差别)是样品的不同部位结构或取向的差别导致衍射强度的差异而形成的，因此称其为衍射衬度，以衍射衬度机制为主而形成的图像称为衍衬像。如果只允许透射电子束通过物镜光阑成像，称为明场成像；如果只允许某支衍射电子束通过物镜光阑成像，则称为暗场成像。明场成像与暗场成像的光路原理示意图如图 4.18 所示，就衍射衬度而言，样品中不同部位结构或取向的差别，实际上表现在满足或偏离布拉格条件程度上的差别。满足布拉格条件的区域，衍射电子束强度较高，而透射电子束强度相对较弱，用透射电子束成明场像时该区域呈暗衬度；反之，偏离布拉格条件的区域，衍射电子束强度较弱，透射电子束强度相对较高，该区域在明场成像中显示亮衬度。而暗场成像中的衬度则与选择哪支衍射电子束成像有关。如果在一个晶粒内，在双光束衍射条件下，则明场成像与暗场成像的衬度恰好相反。

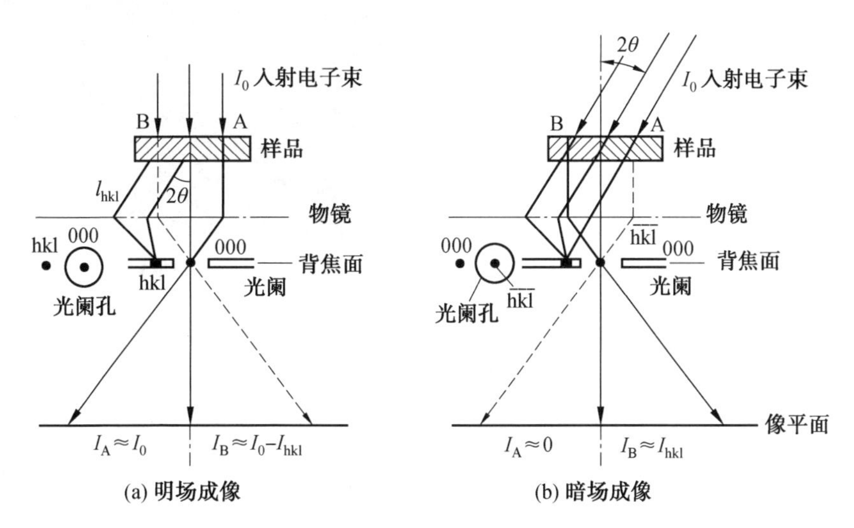

图 4.18　明场成像与暗场成像的光路原理示意图

三、透射电子显微镜明场成像与暗场成像的操作程序

1. 明场成像和暗场成像操作

明场成像与暗场成像是透射电子显微镜最基本也是最常用的技术方法，其操作比较容易，这里仅对暗场成像操作及其要点简单介绍如下：①在明场成像下寻找感兴趣的视场；②插入选区光阑围住所选择的视场；③按衍射按钮转入衍射操作方式，取出物镜光阑，此时荧光屏上将显示选区内晶体产生的衍射花样，为获得较强的衍射束，可适当地倾转样品调整其取向；④倾斜入射电子束方向，使用于成像的衍射电子束与电子显微镜光轴平行，此时该衍射斑点应位于荧光屏中心；⑤ 插入物镜光阑套住荧光屏中心的衍射斑点，转入成像操作方式，取出选区光阑。此时，荧光屏上显示的图像即为该衍射电子束形成的暗场像。通过倾斜入射电子束方向，把成像的衍射电子束调整至光轴方向，这样可以减小球差，获得高质量的图像。用这种方式形成的暗场像称为中心暗场像。在倾斜入射电子束时，应将透射斑移至原强衍射斑(hkl)位置，而弱衍射斑相应地移至荧光屏中心，变成强衍射斑，这一点应该在操作时引起注意。

2. 明场成像和暗场成像的实例分析

图 4.19 所示为析出相($ZrAl_3$)在铝合金基体中分布衍衬像。图 4.19(b)是析出相衍射束形成的暗场像，利用暗场像观测析出相的尺寸、空间形态及其在基体中的分布，是衍衬分析工作中一种常用的实验技术。

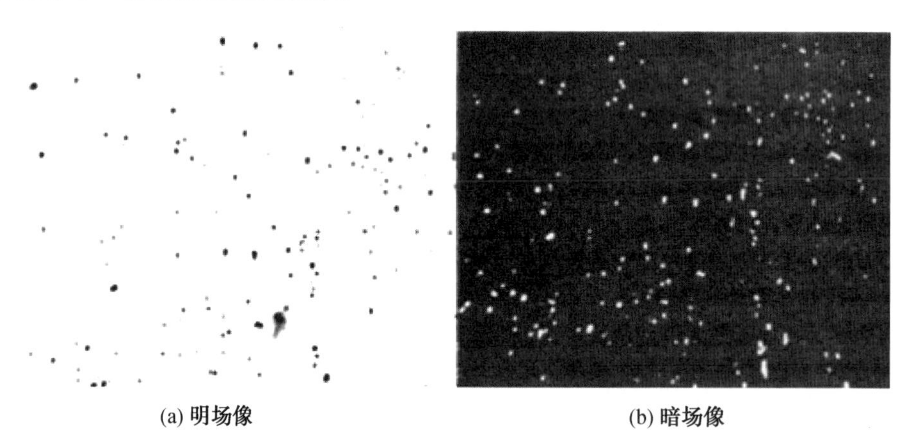

(a) 明场像　　(b) 暗场像

图 4.19　显示析出相($ZrAl_3$)在铝合金基体中分布衍衬像

图 4.20 所示为奥氏体的明场像和暗场像。这是在钢铁材料的研究中拍下的奥氏体的明场像和暗场像，其中图 4.20(a)和图 4.20(c)所示为奥氏体在[011]晶带轴下的电子衍射花样；图 4.20(b)所示为用物镜光阑直接套住透射斑以后成像得到的明场像；图 4.20(d)所示为在不倾转光路的前提下，直接用物镜光阑套住衍射花样中的一个[200]衍射斑成像得到的普通暗场像，由暗场像可以看出，与衍射花样对应的晶粒应该是变亮的部分。如果看到有两个晶粒同时变亮，表明这两个晶粒的位向应该是比较接近的。另外需

要指出来的是，由于在进行明场成像和暗场成像操作时，并没有特意倾转到双光束条件，因此所得到的明场像和暗场像的衬度并不完全互补。

(a) 选区光阑套住透射电子斑

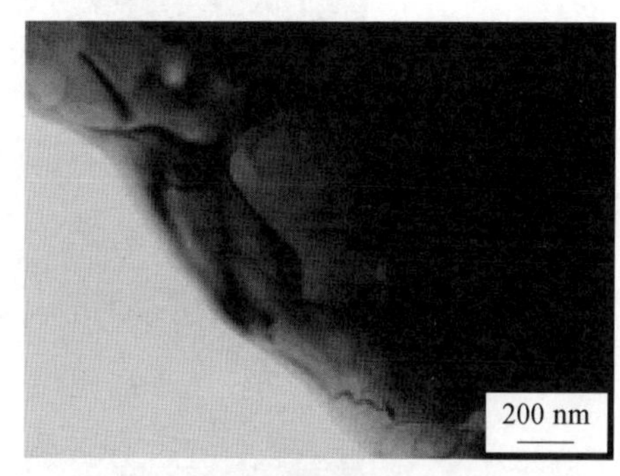

(b) 选区光阑套住透射斑得到的明场像

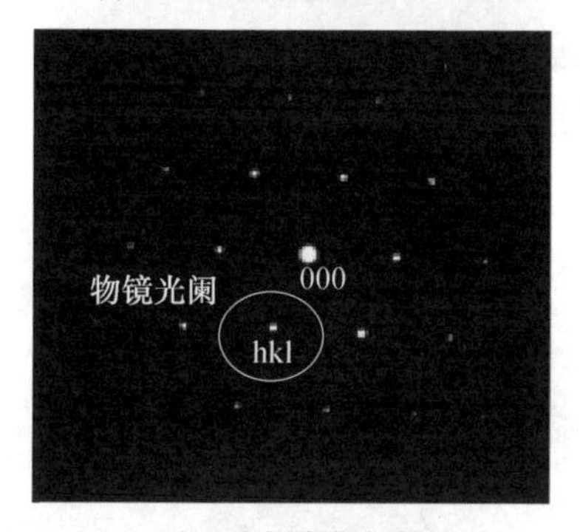

(c) 选区光阑套住衍射斑

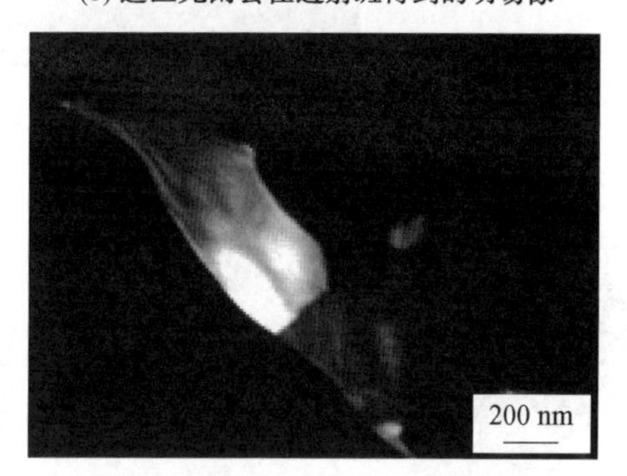

(d) 选区光阑套住衍射斑得到的暗场像

图 4.20　奥氏体的明场像和暗场像

3. 材料特征图像

(1)位错。

晶体中位错的存在，使局部区域晶格发生畸变。当某一组晶面与布拉格条件的偏离参量为 S 时，位错线引起晶面畸变造成额外的附加偏差为 S'，从而造成其衬度的变化。图 4.21 所示为 Ti 合金中位错明场像，在明场像中位错像为暗线。位错像与其在晶体中的实际位置有所偏离，而且有一定宽度。随着位错的性质和它在晶体中位置及取向的不同，位错像会出现线状、点状和锯齿状等特征。

图 4.22(a)所示为金属在变形过程中因位错缠结而形成的位错胞，图 4.22(b)所示为位错滑移受晶界阻碍形成的位错塞积。位错线的衍衬明暗场像如图 4.23 所示，在暗场像中位错像为亮线。

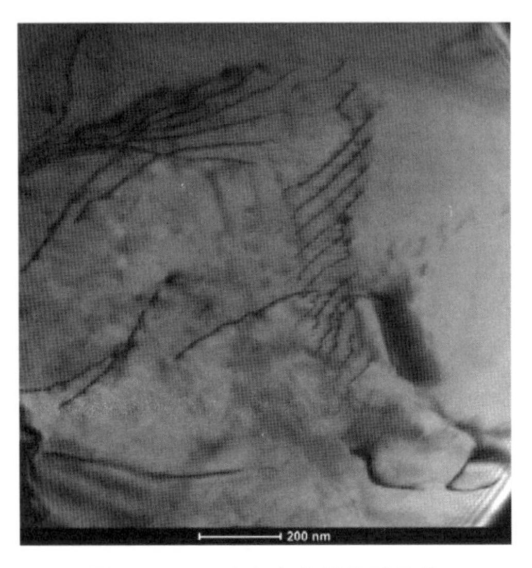

图 4.21　Ti合金中位错线明场像

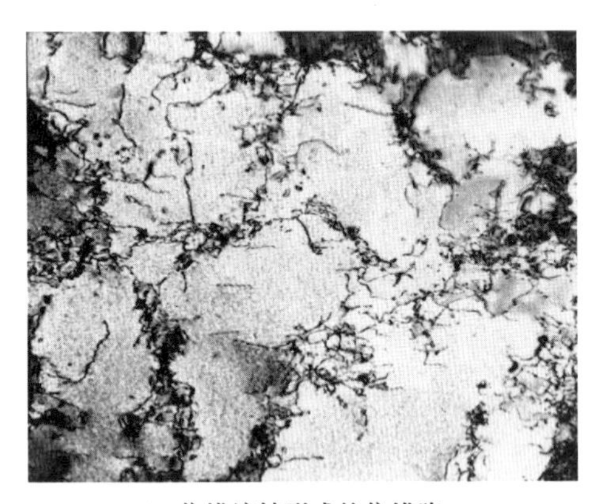

(a) 位错缠结形成的位错胞

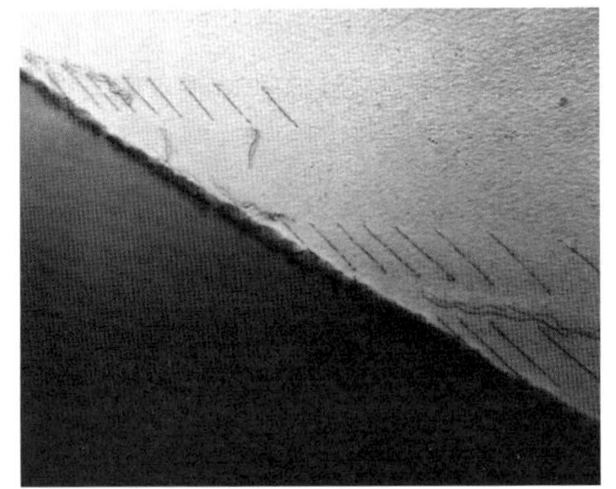

(b) 晶界处的位错塞积

图 4.22　金属在变形过程中位错胞的形成和晶界处位错塞积的衍衬像

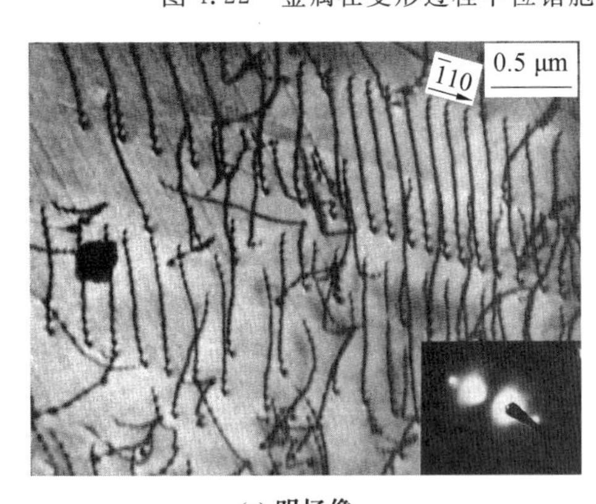

(a) 明场像

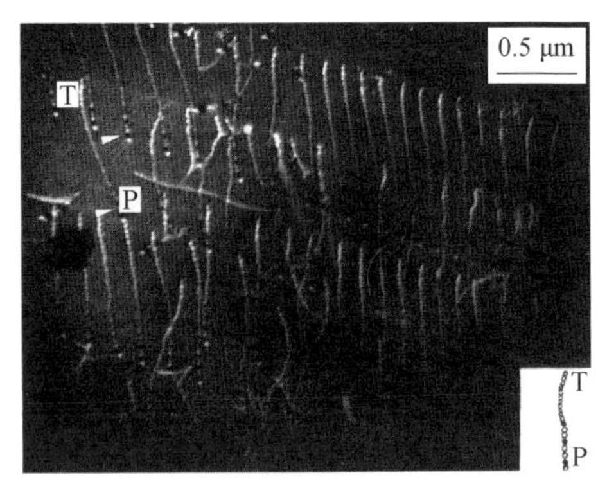

(b) 暗场像

图 4.23　位错线的衍衬明暗场像

(2)层错。

层错是最简单的平面型缺陷,它发生在确定的平面上,层错的两边是一对不全位错。在透射电子显微镜中,看到的层错像是平行的、笔直的、明暗相间的条纹。在明场像中,条纹有对称性,边上的黑线为不全位错,在暗场像中条纹是不对称的,如图 4.24 所示的不锈钢中层错与等厚条纹。倾斜样品台时像衬度会发生变化,当两个层错重叠时,若恰好使某一段层错的衍射衬度相互抵消,则会出现断续的层错像;当层错满足不可见性条件时,层错像就会消失。利用这一特殊性质,可以区分出层错像和楔形晶体的等厚条纹。

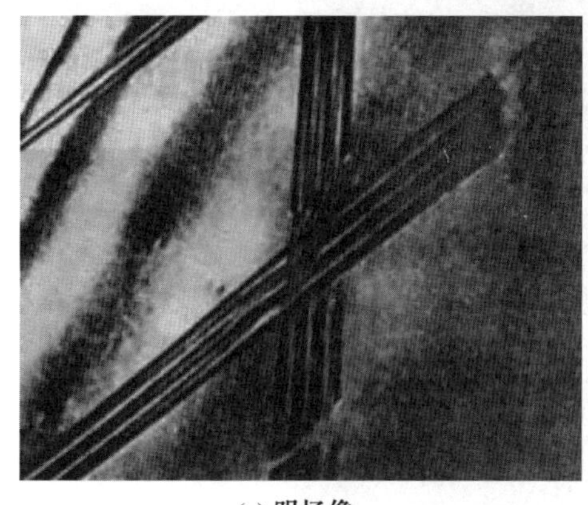

(a) 明场像　　(b) 暗场像

图 4.24　不锈钢中层错与等厚条纹

(3)等厚条纹。

在薄膜样品的楔形边缘处出现厚度消光条纹,它大体上平行于薄膜边缘亮暗条纹,由于同一亮线或暗线所对应的样品位置具有相同的厚度,因此称为等厚条纹,Ti 合金中晶粒边缘等厚条纹如图 4.25 所示。在倾斜晶界处,也会出现厚度消光条纹。明场像与暗场像中的等厚条纹具有互补性。

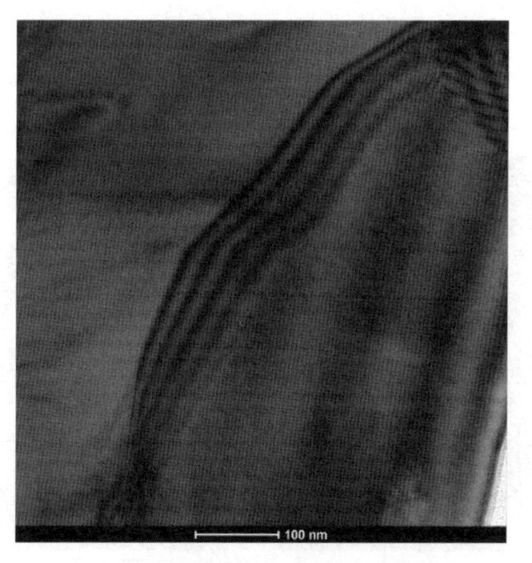

图 4.25　Ti 合金中晶粒边缘等厚条纹

(4)等倾条纹。

具有弹性形变的薄膜晶体发生弯曲，如果某一弯曲面恰好满足布拉格条件，出现衍射极大值。在透射电子显微镜中，等倾条纹在明场像中为暗线。由于有同一晶带的许多晶面组发生较强的衍射，因此相应的等倾条纹呈明显的对称分布。Ti合金中等倾条纹如图4.26所示。在暗场像中，同样是明暗相间的条纹，这种条纹又称弯曲消光轮廓。此外，等倾条纹在旋转样品过程中会发生扫动。

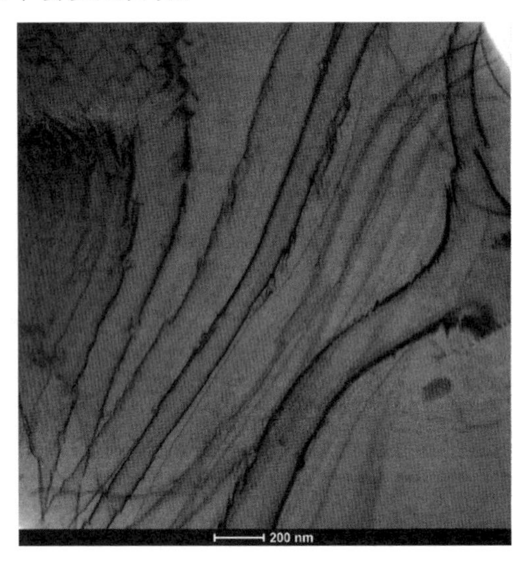

图 4.26　Ti合金中等倾条纹

(5)质厚衬度。

质厚衬度是样品各处组成物质的种类和厚度不同造成的衬度，如图4.27和图4.28所示。复型样品非晶态物质膜和合金中第二相的一部分衬度属于这一类衬度。

电子显微镜成像理论发展早期曾简单地用“吸收”来解释电子显微像的衬度。其实此时所谓“吸收”并非指入射电子被样品吸收，而是指被大角度弹性或非弹性散射到光阑以外的电子，不能参加成像。通过这种“吸收”机制得到的电子显微衬度像反映了样品不同区域散射能力的差异。

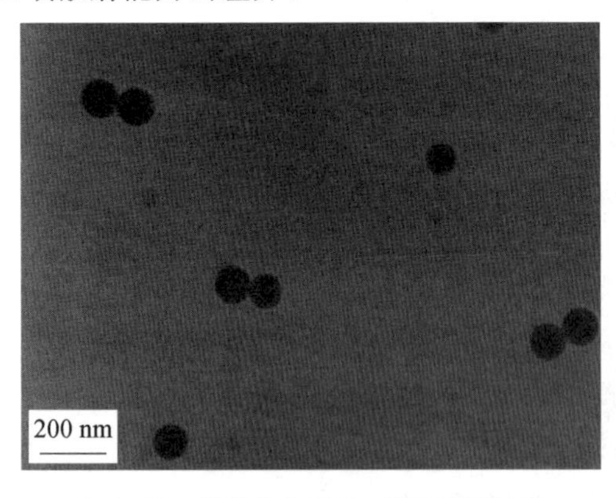

图 4.27　碳膜上的碳球，显示厚度衬度

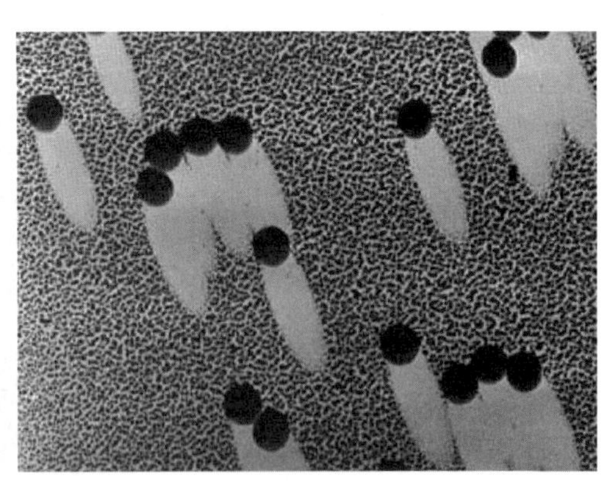

图 4.28　镀上Au－Pd，显示质量衬度

四、实验报告要求

(1)阐述透射电子显微镜明场成像和暗场成像的原理。

(2)结合具体透射电子显微镜分析实例,简述明场成像与暗场成像的基本过程。

实验四　透射电子显微镜选区电子衍射操作与应用

一、实验目的

(1)通过选区电子衍射的实际操作演示,加深对选区电子衍射原理的理解。

(2)选择合适的薄晶体样品,利用双倾样品台进行样品取向的调整,使学生掌握利用选区电子衍射花样测定晶体取向的基本方法。

二、选取电子衍射的基本原理

简单来说,选区电子衍射借助设置在物镜像平面的选区光阑,可以对产生衍射的样品区域进行选择,并对选区范围的大小加以限制,从而实现形貌观察和电子衍射的微观对应。选区电子衍射原理示意图如图 4.29 所示。选区光阑用于挡住光阑孔以外的电子束,只允许光阑孔以内的视野所对应的样品微区的电子束通过,因此在荧光屏上观察到的电子衍射花样仅来自于选区范围内晶体的贡献。实际上,选区形貌观察和电子衍射花样不能完全对应,也就是说选区衍射存在一定误差,所选区域以外样品晶体对衍射花样也有贡献。选区范围不宜太小,否则会带来太大的误差。对于 100 kV 的透射电子显微镜,最小

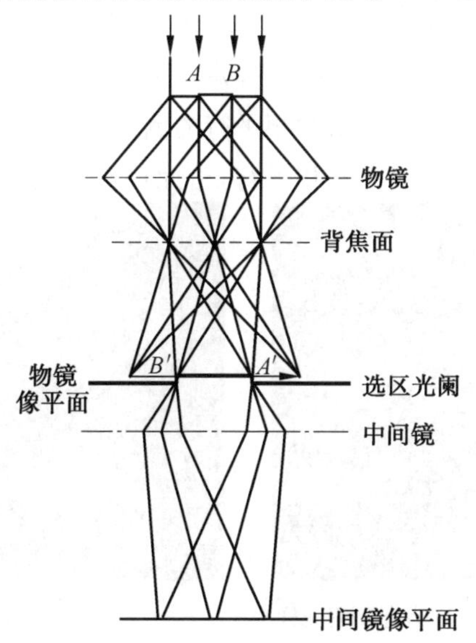

图 4.29　选区电子衍射原理示意图

的选区衍射范围约 0.5 μm；当加速电压为 1 000 kV 时，最小的选区范围可达 0.1 μm。

三、选区电子衍射的操作步骤及应用

1. 选区电子衍射的操作步骤

为了确保得到的衍射花样来自所选的区域，应当按照如下操作步骤进行：①在成像操作模式下，使物镜精确聚焦，获得清晰的形貌像；②插入并选用尺寸合适的选区光阑套取被选择的视场；③减小中间镜电流，使其物平面与物镜背焦面重合，切换到衍射操作方式(目前的透射电子显微镜，此步操作可按“衍射”按钮自动完成)；④移出物镜光阑，在荧光屏可观察到选区区域的电子衍射花样；⑤在摄像选区电子衍射花样时，可适当减小第二聚光镜电流，获得更趋近平行的电子束，使衍射斑点尺寸更小、更圆。

2. 选区电子衍射的应用

由于单晶电子衍射花样可以直观地反映晶体二维倒易平面上阵点的排列，而且选区衍射和形貌观察在微区上具有对应性，因此选区电子衍射一般有以下几个方面的应用：①根据电子衍射花样斑点分布的几何特征，可以确定衍射物质的晶体结构，再利用电子衍射基本公式 $Rd=L\lambda$，可以进行物相鉴定；②确定晶体相对于入射电子束的取向；③在某些情况下，利用两相的电子衍射花样可以直接确定两相的取向关系；④利用选区电子衍射花样提供的晶体学信息，与选区形貌像对照，可以进行第二相和晶体缺陷的有关晶体学分析，如测定第二相在基体中的生长惯习面、位错的布氏矢量等。

图 4.30(a)所示为镍基合金基体$[011]_M$ 和 γ''相$[110]_{\gamma''}$的晶带衍射花样，图 4.30(b)所示为γ''相[002]衍射成的暗场像。由图可见，暗场像可以清晰地观察到析出相的形貌及其在基体中的分布。用暗场像分析析出相的形态是一种常用的分析技术。按照图4.30所示，对比暗场像和选区衍射花样，得出析出 γ''相的生长惯习面为基体的[100]面。在有些情况下，利用两相合成的电子衍射花样的标定结果，可以直接确定两相间的取向关系。具体的分析方法是，在衍射花样中找出两相平行的倒易矢量，即两相的这两个衍射斑点的连线通过透射斑点，其所对应的晶面互相平行，由此可获得两相间一对晶面的平行关系；

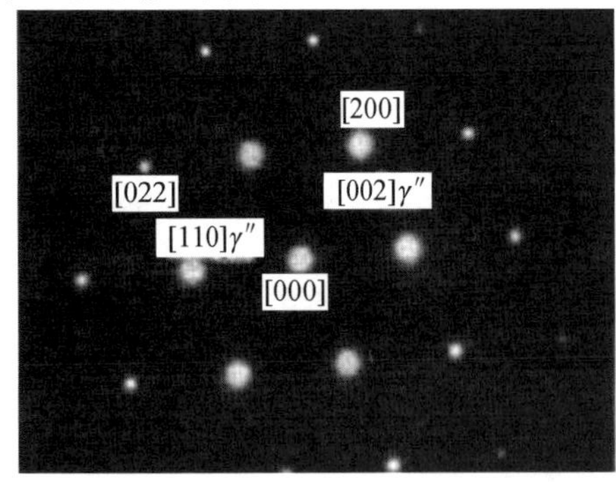

(a) 基体$[011]_M$和 γ'' 相$[110]_{\gamma''}$ 的晶带衍射花样

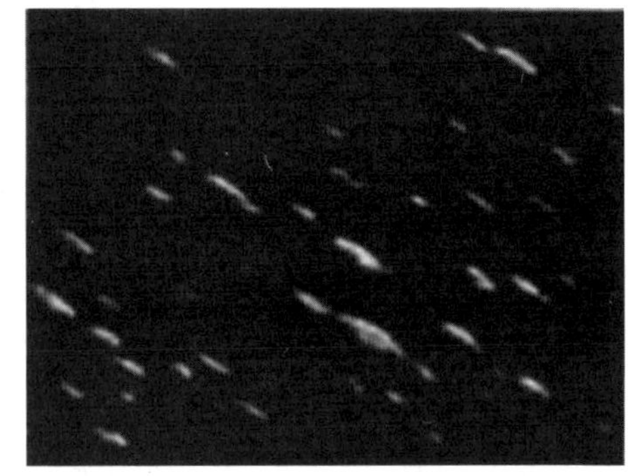

(b) γ'' 相[002]的暗场像

图 4.30　镍基合金中 γ''相在基体中的分布及选区电子衍射花样

另外，由两相衍射花样的晶带轴方向互相平行，可以得到两相间一对晶向的平行关系。由图 4.30(a)给出的两相合成电子衍射花样的标定结果，可确定两相的取向关系为 $[200]_M // [002]_{\gamma''}$，$[011]_M // [110]_{\gamma''}$。

四、实验报告要求

(1)阐述选区电子衍射的基本原理。

(2)结合具体透射电子显微镜分析实例，简述选区电子衍射花样形成的基本过程。

实验五　透射电子显微镜衍射斑点标定与分析

一、实验目的

(1)选择合适的薄晶体样品，利用衍射斑点标定与分析，熟悉衍射斑点与晶体结构间的关系。

(2)通过对不同晶体结构的衍射斑点进行标定与分析，掌握各类衍射斑点的标定规律，加深对各种晶体结构的理解。

二、透射电子显微镜衍射斑点标定与分析

1. 电子衍射花样的种类

在电子衍射花样中，不同的透射样品，采取不同的衍射方式时，可以观察到多种形式的衍射结果，简单的单晶电子衍射花样如图 4.31 所示，其中包括单晶电子衍射花样(图 4.31(a)、(d))，多晶电子衍射花样(图 4.31(e)、(g))，非晶电子衍射花样(图 4.31(c))，会聚束电子衍射花样(图 4.31(h)、(k))，典型的菊池花样(图 4.31(i)、(j))等。而且晶体本身的结构特点也会在电子衍射花样中体现出来，如有序相的电子衍射花样会具有其本身的特点(图 4.31(b))。另外，二次衍射的存在(图 4.31(f))使得每个斑点周围都出现了大量的卫星斑，使电子衍射花样变得更加复杂。

2. 电子衍射花样的标定与分析

电子衍射花样的标定就是确定电子衍射图谱中的诸衍射斑点(或者衍射环)所对应的晶面指数和相对应的晶带轴(多晶不需要)。电子衍射花样主要有多晶电子衍射图谱和单晶电子衍射图谱。电子衍射花样的标定主要有以下几种情况：①晶体结构已知；②晶体结构虽然未知，但可以确定其范围；③晶体结构完全未知。

(1)多晶电子衍射图谱的标定。

在进行电子衍射操作时，如果样品中晶粒尺度非常小，那么即使做选区电子衍射，参加衍射的晶粒数也会非常多，这些晶粒取向各异，与多晶 X 射线衍射类似，衍射球与反射球相交会得到一系列的衍射圆环。由于电子衍射时角度很小，因此透射电子束与反射球

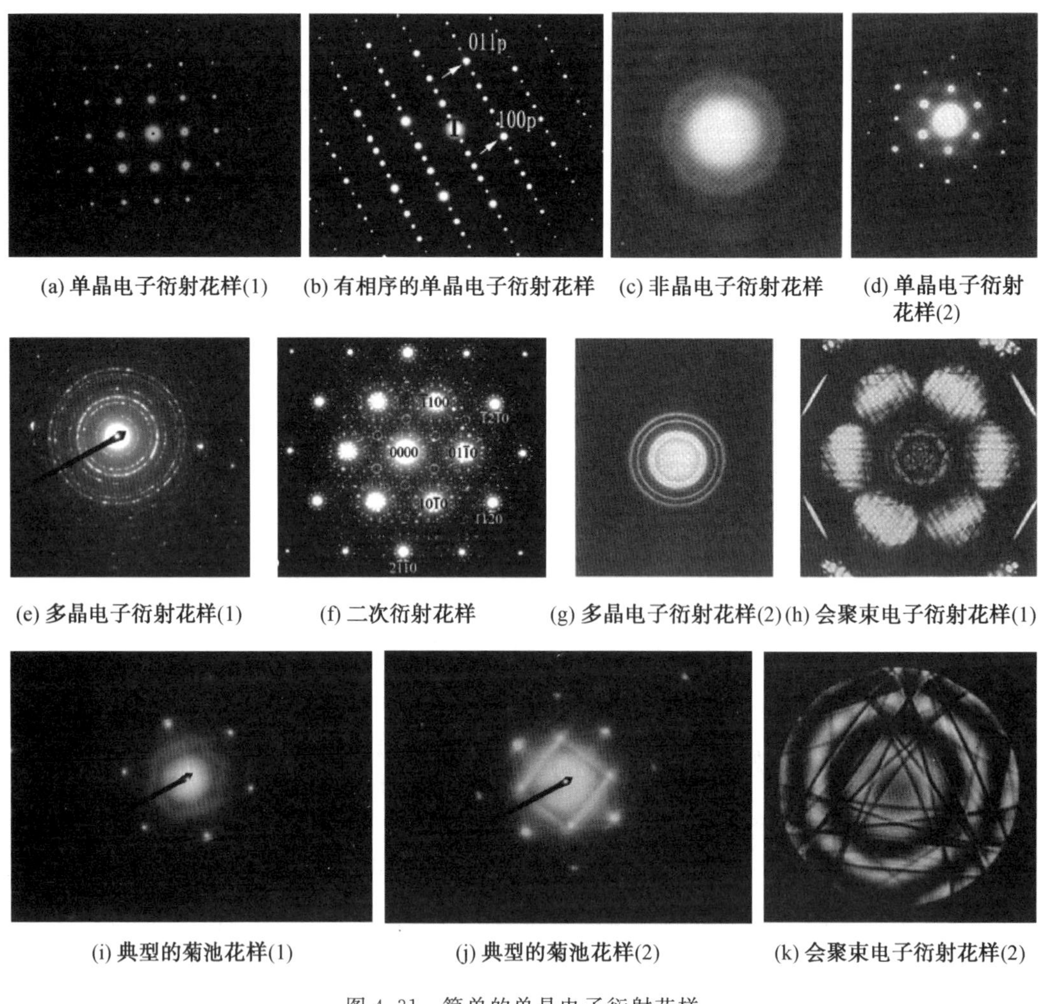

(a) 单晶电子衍射花样(1) (b) 有相序的单晶电子衍射花样 (c) 非晶电子衍射花样 (d) 单晶电子衍射花样(2)

(e) 多晶电子衍射花样(1) (f) 二次衍射花样 (g) 多晶电子衍射花样(2) (h) 会聚束电子衍射花样(1)

(i) 典型的菊池花样(1) (j) 典型的菊池花样(2) (k) 会聚束电子衍射花样(2)

图 4.31 简单的单晶电子衍射花样

相交的地方近似为一个平面，再加上倒易点扩展成倒易球，多晶电子衍射花样将会是如图 4.31(e)所示的一个同心衍射圆环。圆环的半径可以用式 $R=L\lambda/d$ 来计算。

①晶体结构已知的多晶电子衍射花样的标定步骤。

a. 测出各衍射环的直径，算出它们的半径。

b. 考虑晶体的消光规律，算出能够参与衍射的最大晶面间距，将其与最小衍射环半径相乘即可得出相机常数和相机长度(若相机常数已知，直接进行第三步)。

c. 根据已知的衍射环半径和相机常数，可算出各衍射环对应的晶面间距，将其标定。

如果已知晶体的结构是面心立方、体心立方或者简单立方，则可以根据衍射环的分布规律直接写出各衍射环的指数。

②晶体结构未知，但可以确定其范围的多晶电子衍射花样的标定步骤。

a. 首先看可能的晶体结构中有没有面心立方、体心立方和简单立方，如有，看电子衍射花样是否与之对应。

b. 测出各衍射环的直径，算出它们的半径。

c. 考虑各晶体的消光规律，算出能够参与衍射的最大晶面间距，将其与最小的衍射环半径相乘得出可能的相机常数和相机长度，用已知的相机常数来计算其余衍射环对应的晶面间距，看是否与所选的相对应。每个可能的相都这样算一次，看哪一个最吻合。

d. 按最吻合的相将其标定。

③晶体结构完全未知的多晶电子衍射花样的标定步骤。

a. 首先想办法确定相机常数。

b. 测出各衍射环的直径，算出它们的半径。

c. 算出各衍射环对应晶面的面间距。

d. 根据衍射环的强度，确定三强线，查 PDF 卡片，最终标定物相。这种方法由于电子衍射的精度有限，而且电子衍射的强度并不能与 X 射线一样可信，因此很有可能找不到正确的结果。

(2)单晶电子衍射图谱的标定。

单晶电子衍射花样实际上是倒空间中的一个零层倒易面，对它标定时，只考虑相机常数已知的情况。目前常用的透射电子显微镜，相机长度可直接从电子显微镜和底片上读出来，虽然这个值与实际上会有差别，但差别不大。在多晶发生衍射时，当相机常数未知时，要用已知的多晶粉末样品(如 Au)去校正相机常数。相机常数未知时，单晶电子衍射花样标定后会不好验算，因此除非是已知的相，否则标定时很容易出错。

①晶体结构已知的单晶电子衍射花样的标定步骤。

a. 标准花样对照法。

这种方法只适用于简单立方、面心立方、体心立方和密排六方的低指数晶带轴。因为这些晶系的低指数晶带的标准花样可以在书上查到，所以如果得到的衍射花样跟标准花样完全一致，则基本上可以确定该花样。不过需要注意的是，通过标准花样对照法标定的花样，标定完成之后，一定要验算它的相机常数，因为标准花样给出的只是花样的比例关系；而对于有的物相，某些较高指数花样在形状上与某些低指数花样十分相似，但是由两者算出来的相机常数会相差很远。所以即使知道该晶体的结构，在采用对照法标定时仍需十分小心。

b. 尝试一校核法。

量出透射斑到各衍射斑的矢径长度，利用相机常数算出与各衍射斑对应的晶面间距，确定其可能的晶面指数。

首先确定矢径最小的衍射斑的晶面指数，然后用尝试的办法选择矢径次小的衍射斑的晶面指数，两个晶面之间夹角应该自恰。

其次用两个矢径相加减，得到其他衍射斑的晶面指数，看它们的晶面间距和彼此之间的夹角是否自恰，如果不能自恰，则改变第二个矢径的晶面指数，直到它们全部自恰为止。

最后由衍射花样中任意两个不共线的晶面叉乘，即可得出衍射花样的晶带轴指数。

此外，尝试－校核法应该注意的问题是，对于立方晶系、四方晶系和正交晶系来说，它们的晶面间距可用其指数的平方来表示，因此对于间距一定的晶面来说，其指数的正负号可以随意。但是在标定时，只有第一个矢径是可以随意取值的，从第二个开始，就要考虑它们之间角度的自恰；同时还要考虑它们的矢量相加减以后，得到的晶面指数是否与其晶面间距自恰，同时角度也要保证自恰。另外晶系的对称性越高，h、k、l 之间互换而不会改变面间距的机会越大，选择的范围就会更大，标定时就应该更加小心。

c.查表法 1(比值法)。

选择一个由斑点构成的平行四边形，要求这个平行四边形是由最短的两个邻边组成，测量透射斑到衍射斑的最小矢径和次小矢径的长度以及两个矢径之间的夹角 r_1、r_2、θ。

根据矢径长度的比值 r_2/r_1 和 θ 角查表，在与此物相对应的表格中查找与其匹配的晶带花样。

按表上的结果标定电子衍射花样，算出与衍射斑点对应的晶面的面间距，将其与矢径的长度相乘，来验证它是否等于相机常数(这一步非常重要)。

由衍射花样中任意两个不共线的晶面叉乘，来验算晶带轴是否正确。

d.查表法 2(比值法)。

测量透射斑到衍射斑的最小、次小和第三小矢径的长度 r_1、r_2、r_3。

根据矢径长度的比值 r_2/r_1 和 r_3/r_1 查表，在与此物相对应的表格中查找与其匹配的晶带花样。

按表上的结果标定电子衍射花样，算出与衍射斑点对应的晶面的面间距，将其与矢径的长度相乘，来验证它是否等于相机常数(这一步非常重要)。

由衍射花样中任意两个不共线的晶面叉乘，来验算晶带轴是否正确。

之所以有两种不同的查表法，是因为有两种不同的表格，它们的查询方法和原理基本上是一致的。查表法应该注意的问题如下。

首先采用查表法完成标定后，一定要用相机常数来进行验算，因为即使物相是已知的，同一种物相中也会有形状基本一样的衍射花样，但它们不可能是由相同的晶面构成，因而算出来的相机常数也不可能相同。

由两个矢径和一个夹角来查表时，有的表总是取锐角，这样有好处。但查表时要注意衍射花样也许和对照表上的晶带轴反号，所以标定完成后，一定要用不共线的两矢量叉乘来进行验算；如果所测定的夹角不是只取锐角，一般不存在这个问题；如果从衍射花样上得到的值在对照表上查不到，则要注意与所标定的夹角互补的结果，因为晶带轴的正反向在对照表中往往只有一个值。

②晶体结构未知，但可以确定其范围的单晶电子衍射花样标定步骤。

这种情况下的标定方法与晶体结构完全确定时没有区别，只不过是用每一种物相的晶体结构进行尝试，看用哪种物相的晶体结构标定时与所测定的衍射花样的结果最吻合，那该衍射花样就有可能是属于该物相的某一晶带轴的衍射花样。一般情况下，这种衍射花样都能很好地标定。只有在比较特殊的情况下，如有两种物相都能对衍射花样进行标定时，一般先用相机常数来进行验算，如果还不能区分，则只能借助于第二套花样。

③晶体结构未知的单晶电子衍射花样标定步骤。

a. 几何重构法。此方法的核心是构造三维倒易点阵。

b. 维约化胞法。

180°不唯一性是指电子衍射花样图中附加的 2 次旋转对称操作，给单个的电子衍射图谱带来了 180°不唯一性的问题。所谓 180°不唯一性问题是指在标定单幅衍射花样时，一个衍射斑点的指数既可以标定为 h、k、l，也可以标定为 $-h$、$-k$、$-l$，它们有旋转 180°的对称关系。如果所标衍射花样的晶带轴是二次对称轴，那么这样标定是没有问题的；如果所标衍射花样的晶带轴不是二次对称轴，严格地讲，随意标定可能与晶体的取向是不相符的。所以当涉及与其他晶体的取向关系的时候，一定要注意 180°不唯一性问题。

三、实验报告要求

(1)结合具体实例，熟练掌握和识别不同种类的衍射花样。

(2)结合具体衍射花样实例，熟练掌握各种不同衍射花样的标定。

实验六　高分辨透射电子显微术的操作及标定

一、实验目的

(1)通过高分辨透射电子显微术的实际操作演示，加深对高分辨显微像的原理与结构特征的理解。

(2)选择合适的薄晶体样品，结合样品双倾杆，进一步掌握高分辨透射电子显微术在各种材料中的应用，进一步掌握其结构特征的解析。

二、高分辨透射电子显微术的基本原理

(1)高分辨像概念。

高分辨透射电子显微术是材料原子级别显微组织结构的相位衬度显微术，利用该技术可使大多数晶体材料中的原子串成像，所成像称为高分辨像。

高分辨透射电子显微术的原理如下：样品物面(实空间)→物镜后焦面(倒易空间)处获取衍射花样→像平面(实空间)处获取放大的图像。即从实空间开始，经过透镜到倒易空间再回到实空间的过程，高分辨透射电子显微术的原理与操作如图 4.32 所示。电子束入射到样品表面，物镜后焦面处的物镜光阑让透射电子束通过，呈现常规振幅衬度像。除

透射电子束外，若还让一个或多个衍射电子束通过光阑，便可获得高分辨相位衬度像。

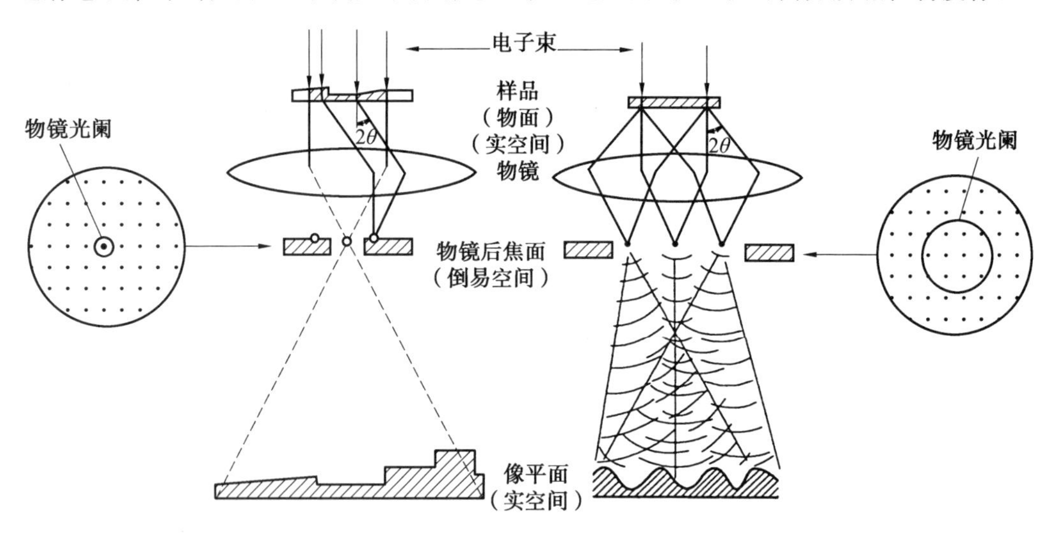

图 4.32 高分辨透射电子显微术的原理与操作

(2)样品透射函数。

透射电子显微镜的作用是将样品上的每一点转换成最终图像上的一个扩展区域。既然样品每一点的状况都不相同，可以用样品透射函数 $q(x,y)$ 来描述样品，而将最终图像上对应着样品上 (x,y) 点的扩展区域描述成 $g(x,y)$。

假设样品上相邻的 A、B 两点在图像上分别产生部分重叠的图像 g_A 和 g_B，则可将图像上每一点同样品上很多对图像有贡献的点联系起来，即

$$g(x,\ y) = q(x,\ y) * h[(x,y)-(x',y')] \tag{4.4}$$

式中 $*$——卷积运算；

$h(x,y)$——点扩展函数，也称为脉冲响应函数，它描述了一个点怎样扩为一个盘，它只适用于样品中临近电子显微镜光轴的小平面中的小片层。

$h[(x,y)-(x',y')]$ 则描述了样品上每一点对图像上每一点的贡献的大小。用样品透射函数 $q(x,y)$ 描述样品对入射电子波的散射：

$$q(x,\ y) = A(x,\ y)\ \exp\ [\mathrm{i}\Phi_t(x,\ y)] \tag{4.5}$$

式中 $A(x,\ y)$——振幅，且 $A(x,\ y) = 1$ 为单一值；

$\Phi_t(x,\ y)$——相位，取决于厚度 t，样品足够薄时，有 $\sigma=\pi/(\lambda E)$ 为相互作用常数。

式(4.5)表明，总的相位移动仅依赖于晶体的势函数 $V(x,\ y,\ z)$。忽略极小的吸收效应，则前面指数函数 $\exp[\mathrm{i}\Phi_t(x,y)]$ 展开为

$$q(x,\ y) = 1 + \mathrm{i}\sigma V_t(x,\ y) \tag{4.6}$$

这就是弱相位体近似，弱相位体近似表明，对于非常薄的样品，透射函数与晶体的投影势呈线性关系，且仅考虑晶体沿 z 方向的二维投影势 $V_t(x,\ y)$。

(3)衬度传递函数。

衬度传递函数是反映透射电子显微像成像过程中物镜所起作用的函数。对于成像来说，并非严格与原样品物质成逼真准确对应的像，总有失真之处。这是由于物镜总存在不同程度的像差，像平面与物面也并不严格共轭，此外，入射电子束也可能有一定发散度。衬度传递函数就是反映上述诸多造成图像失真因素的函数，它是一个与物镜球差、色差、离焦量和入射电子束发散度有关的函数。一般来说，它是一个随着空间频率的变化在+1与−1之间来回振荡的函数，如图 4.33 所示。

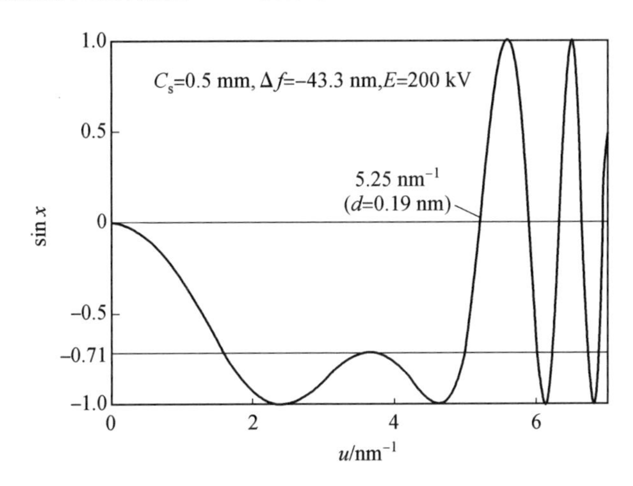

图 4.33　透射电子显微镜最佳欠焦条件下的 sin χ 函数

(4)相位衬度。

电子波 $q(x, y)$经过物镜在背焦面形成电子衍射图 $Q(u, v)$，有

$$Q(u, v)=F[q(x, y)]A(u, v) \tag{4.7}$$

式中　F——傅里叶(Fourier)变换。

$Q(u, v)$再经一次傅里叶变换，在像平面上可重建放大的高分辨像。像平面上的强度分布为

$$I(x, y) = 1- 2\sigma V_t(x, y)*F[\sin\chi(u, v)\ \mathrm{RBC}] \tag{4.8}$$

式中　*——卷积运算。

如不考虑 RBC 的影响，像的衬度为

$$C(x, y) = I(x, y)-1 =-2\sigma V_t(x, y)\ F[\sin\chi(u, v)] \tag{4.9}$$

当 $\sin\chi = -1$ 时，有

$$C(x, y) = 2\sigma V_t(x, y) \tag{4.10}$$

像衬度与晶体的投影势 $V_t(x,y)$成正比，可反映样品的真实结构。

三、高分辨电子显微图像的拍摄操作步骤

1. 高分辨电子显微图像的拍摄操作步骤

(1)选取合适的衍射条件。

①一般按照晶带定律：$h_u+k_v+l_w=0$。选取适当的低指数的晶带[u, v, w]，以保证衍射束数目(h_i, k_i, l_i)足够多及随后的投影内势函数计算有足够的精度。

②应设定尽可能准确的[u, v, w]晶带轴方向，以避免因轴倾斜带来内势投影出现重叠，进而导致随后图像衬度分析发生困难。

③所需衍射电子束数目与晶体单胞尺寸有关，一般来说，一开始总是尽可能取低的放大倍数，以显示更多的有用视场，便于从中挑选合适的观察区。

(2)消像散，检查样品漂移和对衍射条件进行复核。

①电磁透镜由于设计和加工精度的限制，其工作状态难免存在畸变，这意味着正焦点的位置随方向而异，此现象称为像散。

②像散可以借助电磁补偿予以消除。在拍摄高分辨电子显微图像中，消像散是十分重要的。

③物镜光阑的尺寸和位置的微小变化，也会引起像散。插入物镜光阑后，一般都要消像散才能保证图像质量。

④像散一般会通过非晶膜的傅里叶变换花样上的椭圆度显示出来，消像散时可以由椭圆度的改善判断消像散后的效果。

图 4.34 所示为有像散和有样品漂移(样品移动后立即拍摄)时，非晶膜高分辨电子显微图像的光衍射花样。像散使光衍射花样呈现明显的非圆形不对称，如图 4.34(a)所示，而样品漂移则使傅里叶变换光衍射环沿漂移方向出现缺失，如图 4.34(b)中箭头所示。这也是区别像散和样品漂移的方法。

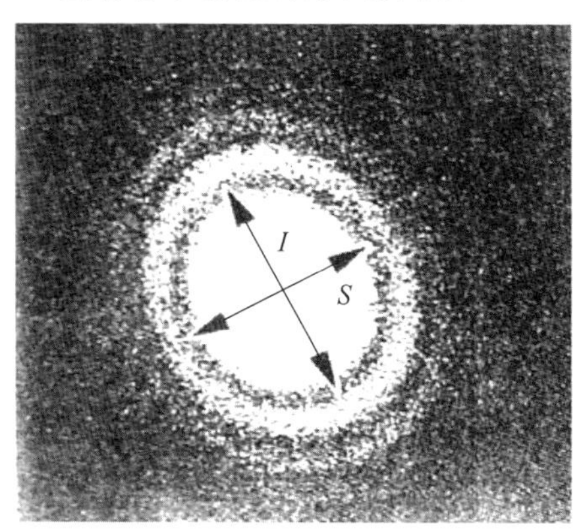

(a) 有像散

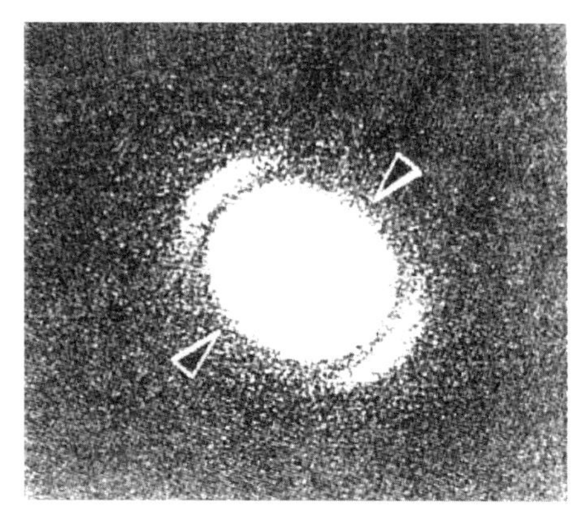
(b) 有样品漂移

图 4.34 有像散和有样品漂移时，非晶膜高分辨电子显微图像的光衍射花样

(3)欠焦量和样品厚度对像衬度的影响。

只有在弱相位体近似及最佳欠焦条件下拍摄的高分辨电子显微图像，才能正确反映晶体结构。但实际上，弱相位体近似的要求很难满足，当不满足弱相位体近似条件时，尽管仍可获得清晰的高分辨电子显微图像，但像衬度与晶体结构投影已不存在一一对应关系。随着离焦量和样品厚度的改变，会出现图像衬度反转；像点分布规律也会发生变化。

2. 高分辨电子显微图像的类型和应用实例

(1)晶格条纹图像。

晶格条纹图像的成像条件没有严格限制，只要有两列电子波干涉成像即可，不要求对准晶带轴，在很宽的离焦条件和不同样品厚度下都可以观察到，所以很容易获得。在实际观测到的纳米颗粒(图 4.35)、微小第二相析出大都是晶格条纹图像。这种图像只能用于观察对象的尺寸、形态，区分非晶态和结晶区，不能得出样品晶体结构相关的信息，不可模拟计算。尽管如此，当与材料制备加工的条件相结合时，仍然有助研究分析。有用信息为结晶状态、形状、颗粒尺寸及其他微细构造。

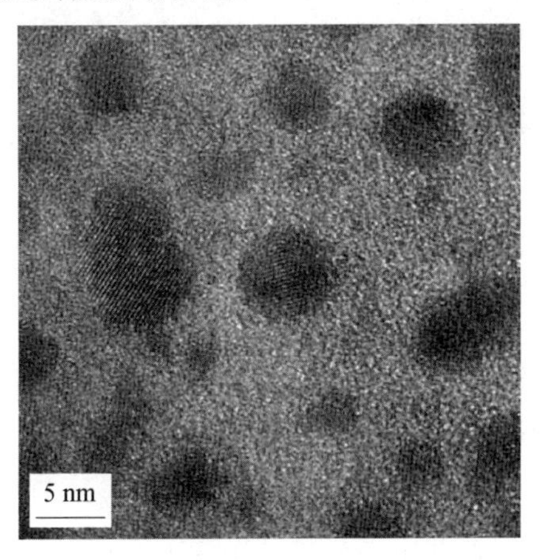

图 4.35　纳米颗粒的高分辨电子显微图像

(2)一维结构图像。

一维结构图像与晶格条纹图像不同之处在于，成像时转动样品得到对应观察区域的一维衍射斑点(图 4.36)，因此可以结合衍射斑点和晶体结构模型来对观察区域的一维结构进行分析，这在研究层错一维结构图像时很有用。

(3)二维晶格图像。

大部分文献中出现的都是二维晶格图像，此时晶体的某一晶带轴平行于入射电子束，因此相应的衍射花样对应晶胞的衍射花样。在不同的欠焦量和样品厚度下均可以获得二维晶格图像，这是其大量出现的原因，也被广泛用于材料科学的研究中，如用于获得位错、晶界、相界、析出、结晶等信息。要注意的是二维晶格图像的衍射花样是会随着欠焦量、样品厚度及光阑尺寸的改变而改变的，不能简单指定原子的位置。在不确定的成像条件下不能得到晶体的结构信息，可以计算模拟辅助分析。

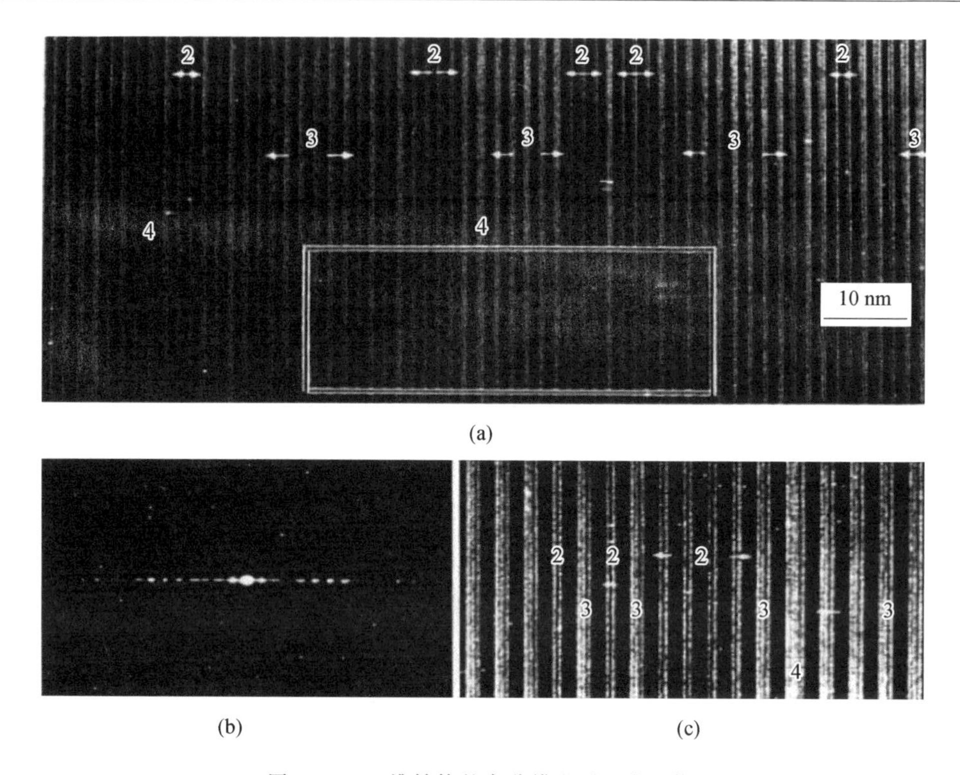

(a)

(b) (c)

图 4.36 一维结构的高分辨电子显微图像

(4)二维结构图像。

二维结构图像是严格控制条件下的二维晶格像，首先，透射样品厚度要很薄(小于10 nm)，避免多次散射的不利影响；其次，要使晶体的晶带轴严格平行于入射电子束。成像时，欠焦量是控制已知的，通常最佳欠焦条件 (Scherzer Defocus)下的图像衬度最大。尽管如此，晶体结构和原子位置并不能简单从图像上“看到”，欠焦量和样品厚度依然控制着晶格图像的亮暗分布。需要采用计算机辅助的图像模拟分析技术，才可能确定晶体结构及原子位置。

四、实验报告要求

(1)阐述高分辨电子显微图像的成像原理及拍摄过程。

(2)结合具体透射分析实例，熟练掌握拍摄高分辨电子显微图像的技巧及了解其特点。

第 5 章　透射电子显微镜附属设备结构、原理及操作

实验一　透射电子显微镜能谱仪的结构、原理与分析操作

一、实验目的

(1)结合透射电子显微镜能谱仪的实物,直观了解它的结构与组成部件。

(2)结合具体透射样品进行元素分析,加深对能谱仪原理的理解,了解能谱仪数据采集的类型及操作步骤。

二、能谱仪(EDS)的基本原理与结构

(1)能谱分析原理。

元素都有自己的 X 射线特征波长,特征波长的大小取决于能级跃迁过程中释放出的特征能量 ΔE,能谱仪就是利用不同元素 X 射线光子特征能量不同这一特点来进行成分分析的。

当 X 射线光子被检测器接收后,在 Si(Li)晶体内激发出一定数目的电子空穴对。产生一个空穴对的最低平均能量 ε 是一定的(在低温下平均为 3.8 eV),而由一个 X 射线光子造成的空穴对的数目为 $N=\Delta E/\varepsilon$。因此,入射 X 射线光子的能量越高,N 就越大。利用加在晶体两端的偏压收集电子空穴对,经过前置放大器转换成电流脉冲,电流脉冲的高度取决于 N 的大小。电流脉冲经过主放大器转换成电压脉冲进入多道脉冲高度分析器,脉冲高度分析器按高度把脉冲分类进行计数,这样就可得到一张 X 射线按能量大小分布的图谱。

能谱仪是一个重要的附件,它同主机共用一套光学系统,可对材料中感兴趣区域的化学成分进行点分析、线分析、面分析。它的主要优点有:①分析速度快,效率高,能同时对原子序数在 11～92 之间的所有元素(甚至 C、N、O 等超轻元素)进行快速定性、定量分析;②稳定性好,重复性好;③能用于粗糙表面的成分分析(断口等);④可对材料中的成分偏析进行测量等。

能谱仪采集数据的过程及组成构件如图 5.1 所示。采集数据的过程为:探头接收特征 X 射线光子信号→把特征 X 射线光子信号转变成具有不同高度的电脉冲信号→放大

器放大信号→多道脉冲高度分析器把代表不同能量(波长)X射线的脉冲信号按高度编入不同频道→在荧光屏上显示谱线→利用计算机进行定性和定量计算。

(2)能谱仪结构。

①探测头。探测头的作用是把X射线光子信号转换成电脉冲信号,脉冲高度与X射线光子的能量成正比。

②放大器。放大器作用为放大电脉冲信号。

③多道脉冲高度分析器。多道脉冲高度分析器的作用是把脉冲按高度不同编入不同频道,也就是说,把不同的特征X射线按能量不同进行区分。

④信号处理和显示系统。信号处理和显示系统能鉴别谱并进行定性、定量计算,最后记录分析结果。

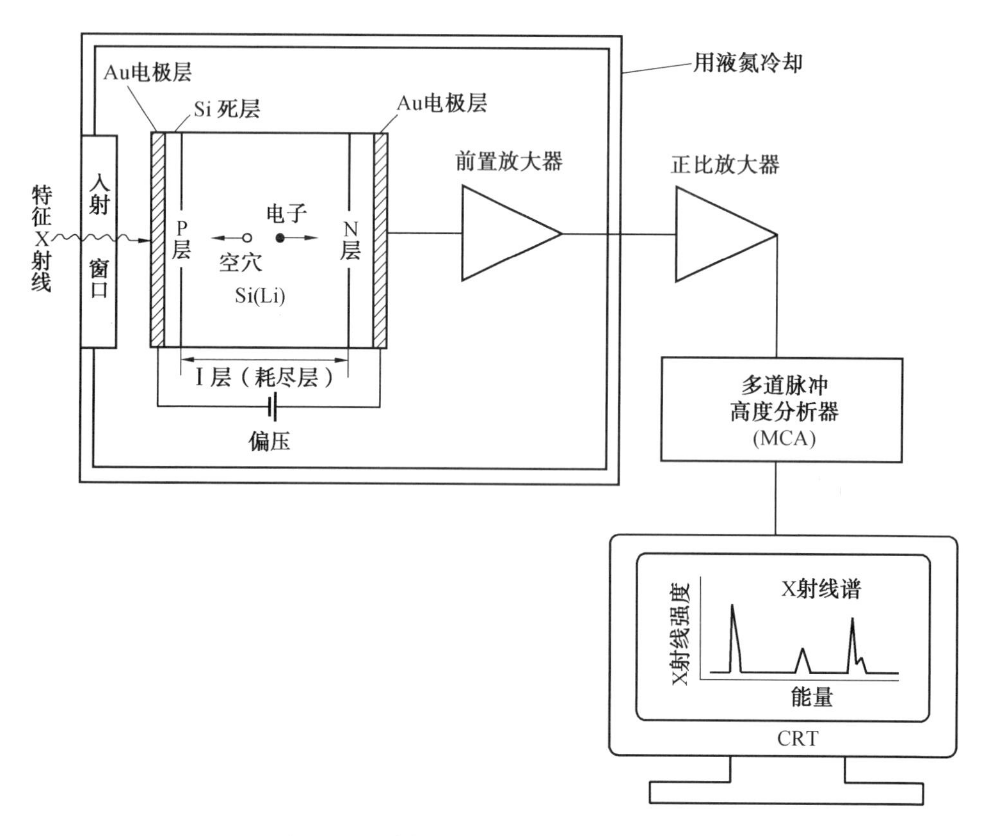

图5.1 能谱仪采集数据的过程及组成构件

(3)能谱仪分析技术。

①定性分析。能谱仪的谱图中谱峰代表样品中存在的元素。定性分析是分析未知样品的第一步,即鉴别所含的元素。如果不能正确地鉴别元素的种类,最后定量分析就毫无意义。通常能够可靠地鉴别出一个样品的主要成分,但对于确定次要元素或微量元素,只有认真地处理谱线干扰、失真和每个元素的谱线系等问题,才能做到准确无误。定性分析

又分为自动定性分析和手动定性分析，其中自动定性分析是根据能量位置来确定峰位，直接单击“操作/定性分析”按钮，即可在谱的每个峰位置显示出相应的元素符号。自动定性分析识别速度快，但由于谱峰重叠干扰严重，会产生一定的误差。

②定量分析。定量分析是通过 X 射线强度来获取组成样品材料的各种元素含量的。根据实际情况，人们寻求并提出了测量未知样品和标样的强度比方法，再把强度比经过定量修正换算成含量比。最广泛使用的一种定量修正技术是 ZAF 修正。

③元素面分布分析。在多数情况下，将电子束只打到样品的某一点上，得到这一点的 X 射线谱和成分含量的方法称为点分析方法。在近代的新型扫描电子显微镜中，大多可以获得样品某一区域的不同成分分布状态，即用扫描观察装置，使电子束在样品上做二维扫描，测量其特征 X 射线的强度，使这个强度对应的亮度变化与扫描信号同步在阴极射线管 CRT 上显示出来，就可得到特征 X 射线强度的二维分布的像。这种分析方法称为元素的面分布分析方法，它是测量元素二维分布非常方便的方法。

三、能谱仪的分析操作步骤

(1)点分析。

启动超级能谱分析软件，切换到 STEM 模式，寻找到需要分析的区域。在能谱软件中抓图，在 STEM 模式下将观察到的图像导入能谱软件中，移动灰色十字到需要分析的位置。透射电子显微镜能谱点分析位置选择如图 5.2 所示。

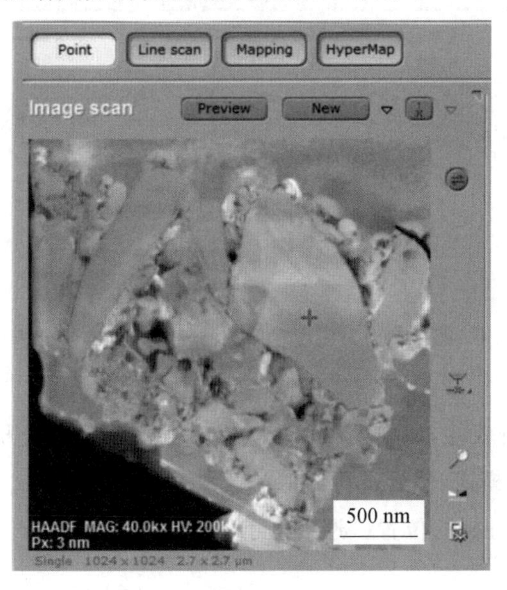

图 5.2　透射电子显微镜能谱点分析位置选择

单击 Acquire 按钮获取光谱信息，软件中则自动采集成分数据，对成分数据分析，可采用周期表中的 Auto 标定，也可手动标定。能谱仪可给出成分的定性分析。

确定元素之后，单击 Quantify 按钮即可对成分进行半定量分析，图 5.2 中十字所在点采集到的能谱谱线如图 5.3 所示。若材料中无某种元素，则可显示该元素的含量为 0。图 5.2 中十字所在区域的元素的半定量分析结果如图 5.4 所示。

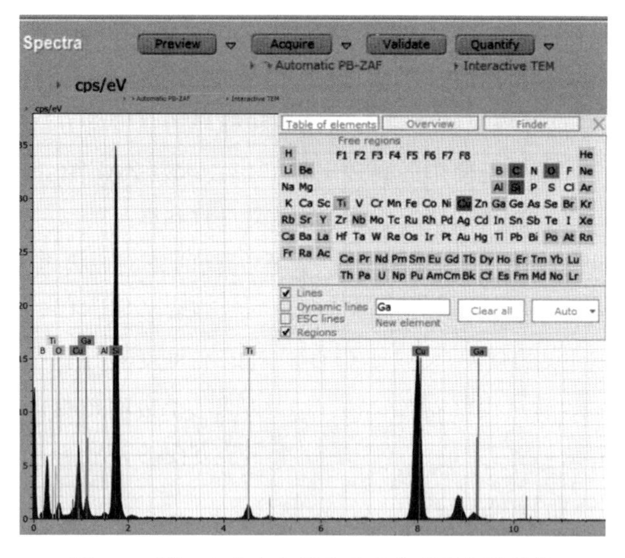

图 5.3　图 5.2 中十字所在点采集到的能谱谱线

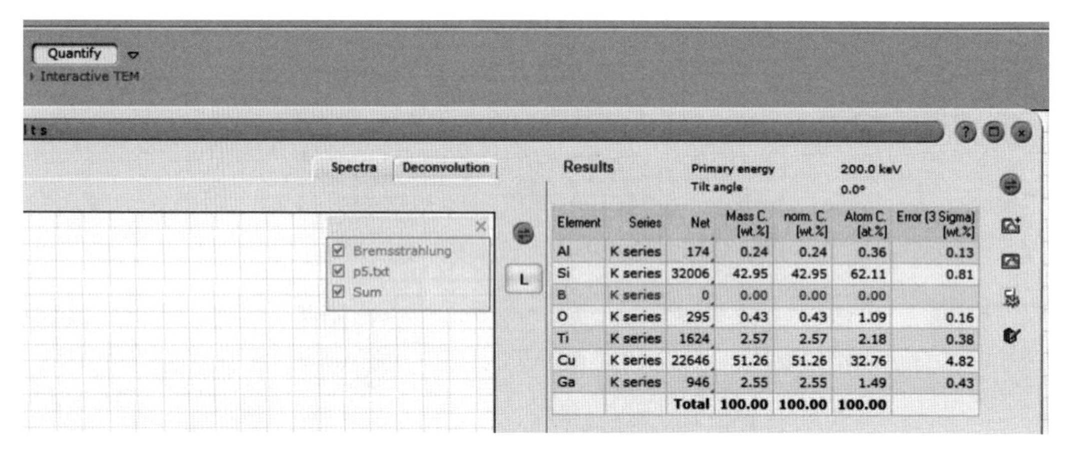

Element	Series	Net	Mass C. [wt.%]	norm. C. [wt.%]	Atom C. [at.%]	Error (3 Sigma) [wt.%]
Al	K series	174	0.24	0.24	0.36	0.13
Si	K series	32006	42.95	42.95	62.11	0.81
B	K series	0	0.00	0.00	0.00	
O	K series	295	0.43	0.43	1.09	0.16
Ti	K series	1624	2.57	2.57	2.18	0.38
Cu	K series	22646	51.26	51.26	32.76	4.82
Ga	K series	946	2.55	2.55	1.49	0.43
		Total	100.00	100.00	100.00	

图 5.4　图 5.2 中十字所在区域的元素的半定量分析结果

(2)线分析。

启动超级能谱分析软件，切换到 STEM 模式，寻找到需要分析的区域。将能谱分析模式切换到 Line Scan 模式，然后进行图像的读取，将 STEM 模式下的照片导入能谱软件中，移动箭头选择需要分析的位置。透射电子显微镜能谱线分析位置选择如图 5.5 所示。

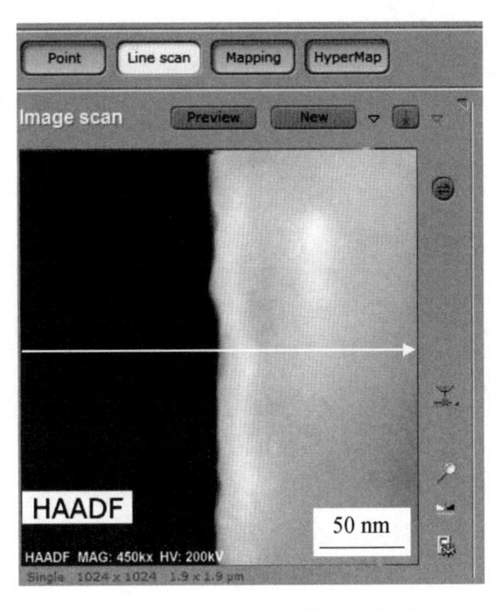

图 5.5　透射电子显微镜能谱线分析位置选择

单击 Acquire 按钮获取光谱信息，软件中则自动采集成分数据，对成分数据分析，可以采用周期表中的 Auto 标定，也可手动标定。能谱仪线分析结果给出各种元素在箭头位置元素含量相对变化趋势。图 5.5 中箭头所示位置的线分析谱线如图 5.6 所示。

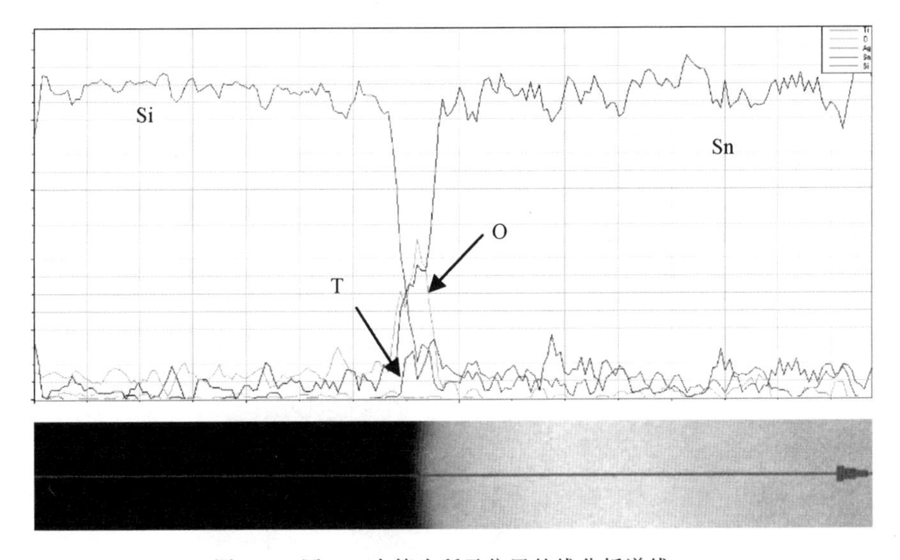

图 5.6　图 5.5 中箭头所示位置的线分析谱线

线分析结果给出的数据是各种元素在箭头所在位置的相对强度变化；为了进一步确定线分析区域各种元素的相对质量百分数或相对原子百分数，单击 Quantify 按钮，左侧下拉菜单选择 Interactive TEM. mtd 选项，然后单击 Quantify 按钮进行计算，选择所要分析的元素，获得各种元素在箭头所在位置的相对质量百分数或相对原子百分数，如图 5.7 所示。

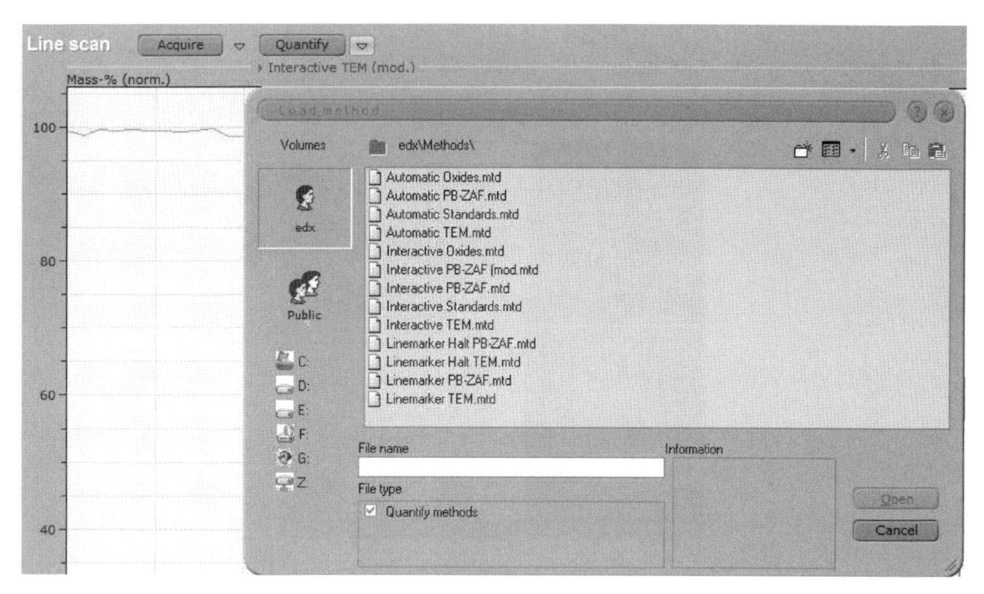

图 5.7　图 5.5 中箭头所示位置的各个元素相对质量百分数或相对原子百分数的半定量测量

(3)面分布分析。

启动超级能谱分析软件,切换到 STEM 模式,寻找到需要分析的区域。将能谱模式切换到 HyperMap 模式,然后读取 STEM 模式观察到的图像,将 STEM 模式下的照片导入能谱软件中,图 5.8 所示为在 HyperMap 模式下读取要分析的区域。

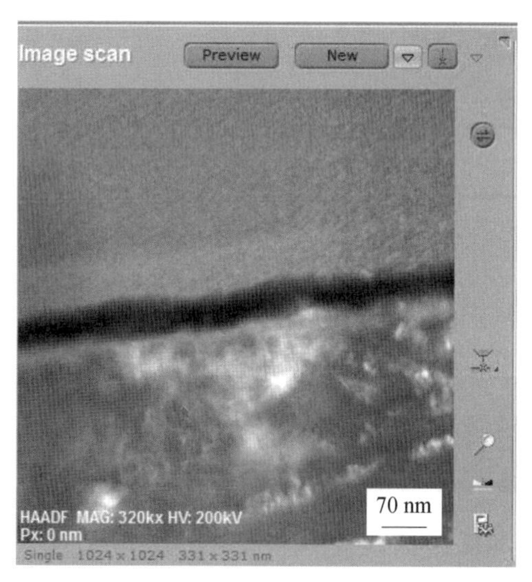

图 5.8　在 HyperMap 模式下读取要分析的区域

单击 Acquire 按钮获取光谱信息,软件中则自动采集成分数据,对于成分数据分析,可以采用周期表中的 Auto 标定,也可手动标定。能谱仪面分布图给出所选择区域的各种元素的分布情况,图 5.8 中区域的整体元素分布情况如图 5.9 所示。

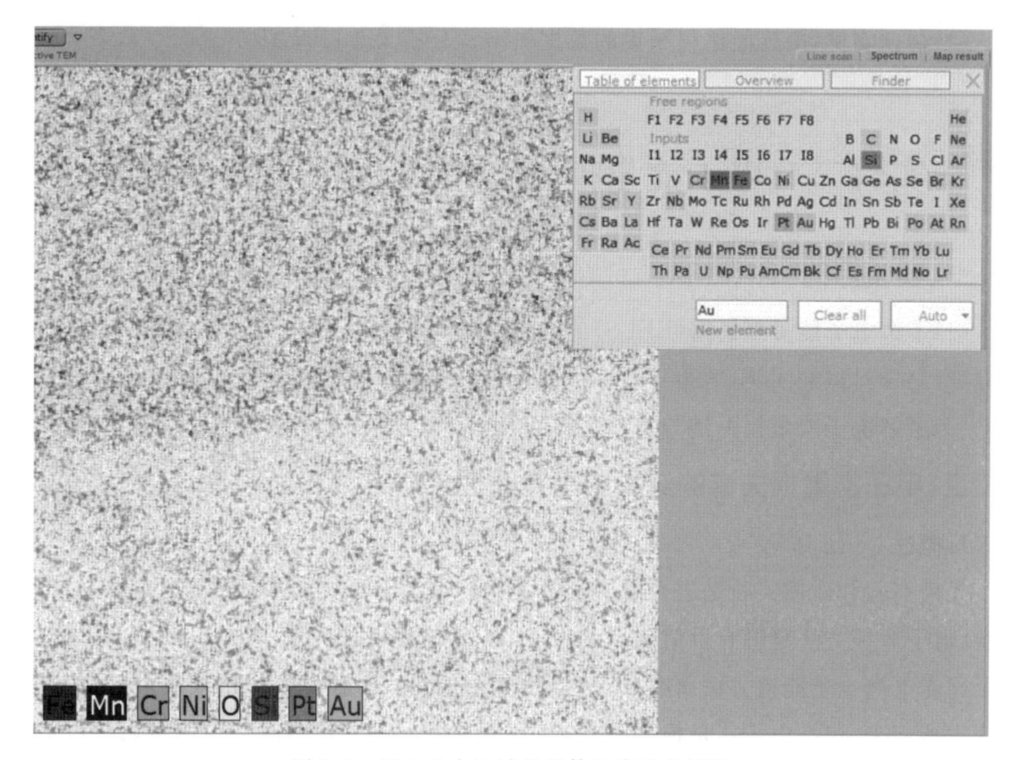

图 5.9　图 5.8 中区域的整体元素分布情况

为了更加清楚地分析各种元素在所选择区域的单独分布情况，了解元素在所选择区域的分布浓度情况，为晶体结构的确定提供支持，给出了图 5.8 中方框选择区域元素的单独分布情况，如图 5.10 所示。

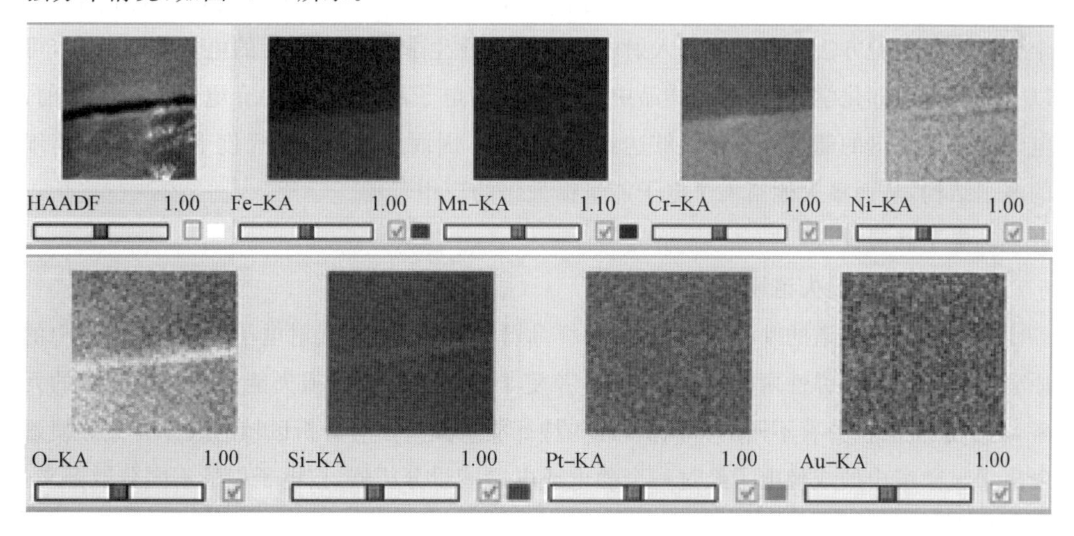

图 5.10　图 5.8 中方框选择区域元素的单独分布情况

四、实验报告要求

(1)简述能谱仪的基本原理与结构构成。

(2)结合实例,简述能谱仪采集的数据类型及分析采集过程。

实验二 电子能量损失谱结构、原理与分析操作

一、实验目的

(1)了解电子能量损失谱(EELS)的基本结构与原理。

(2)结合具体的实例,学会正确识别和分析电子能量损失谱。

(3)了解电子能量损失谱与能谱之间的区别,学会选择恰当的分析手段进行分析。

二、电子能量损失谱的结构与基本原理

1. 概述

光谱实验和碰撞实验是进行原子分子结构和动力学研究的基本实验方法。对于碰撞实验,电子碰撞方法是最有价值的。20 世纪 70 年代以来,凯·西格巴恩(K. Siegbahn)开辟了用光电离电子能谱方法研究分子能级结构的方法,各种电子能谱仪和电子碰撞方法迅速发展起来,包括电子能量损失谱方法、电子碰撞光谱测量和总截面测量,以及测量散射电子与碰撞产生的各种次级粒子的符合实验等。目前这些方法已经成为研究原子分子能级结构、能态分辨波函数、化学键和化学反应活性、动力学的有力工具。

电子能量损失谱是通过探测透射电子在穿透样品过程中所损失能量的特征谱图来研究材料的元素组成、化学成键和电子结构的显微分析技术,它是一种研究材料电子结构的十分有效的实验方法。通过分析入射电子与样品发生非弹性散射后的电子能量分布,可以了解材料内部化学键的特性、样品中原子对应的电子结构、材料的介电响应等。目前,电子能量损失谱的能量分辨率能够达到约 0.1 eV,因而可以在纳米尺度下分析材料精细的电子结构,从而极大地拓展了电子能量损失谱的应用范围。

2. 电子能量仪

(1)电子能量损失谱原理。

电子能量损失谱的基本原理是,穿过样品薄膜的电子(即透射电子)与样品薄膜中的原子发生弹性和非弹性两类碰撞,其中后者使非弹性散射电子损失能量。对于不同的元素,电子能量的损失有不同的特征值,这些特征能量损失值与分析区域的成分有关。使透射电子显微镜中的成像电子经过一个静电或电磁能量分析器,按电子能量不同分散开来,就可获得电子能量损失谱。

由于非弹性碰撞使入射电子损失部分动能,而此能量等于原子(分子)与电子碰撞前的基态能量和碰撞后的激发态能量之差。图 5.11 所示为电子与原子(分子)散射示意图,基本过程如下式所示:

$$e_0(E_0, \vec{p_0}) + A \rightarrow e_1(E_1, \vec{p_1}) + A'(E_A) \tag{5.1}$$

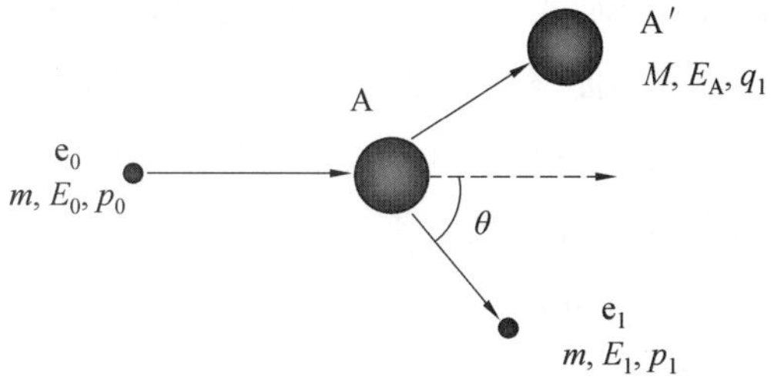

图 5.11　电子与原子(分子)散射示意图

图 5.11 中，e_0、e_1、A、A′分别为入射电子、散射电子、靶原子(分子)、受能原子(分子)；电子和原子(分子)的质量分别为 m 和 M；入射电子的动能和动量分别为 E_0 和 p_0；散射电子的动能和动量分别为 E_1 和 p_1；受能原子(分子)的动能和动量分别为 E_A 和 q_1；散射角度为 θ。根据能量和动量守恒定律，可以得到散射电子的能量为

$$E_1 = \frac{1}{(m+M)^2}\Big[(M^2 - m^2)E_0 - (m+M)ME_u + 2m^2\cos^2\theta E_0 + 2m\cos\theta E_0 \times \sqrt{m^2\cos^2\theta + (M^2 - m^2) - (m+M)M\frac{E_u}{E_0}}\Big] \tag{5.2}$$

式中　E_u——原子(分子)的激发能。

由于 $m \ll M$，在通常的快电子碰撞实验中满足 $1 \ll E_0/E_u \ll M/m$，因此在小角度有 $E_u = E_0 - E_1$，也就是说发生非弹性散射时，入射电子的能量损失 E 近似为激发能，即

$$E = E_0 - E_1 \approx E_u \tag{5.3}$$

因此通过测量电子被原子(分子)散射的能量损失谱就可以得到原子(分子)的各种激发能量，从而可以确定原子(分子)的价壳层和内壳层的激发态结构。这些激发态结构包括里德伯态、自电离态、双电子激发态等。这就是电子能量损失谱方法，这种测量装置称为电子能量损失谱仪。

(2)电子能量损失谱仪基本结构及工作原理。

电子能量损失谱仪由电子能量分析仪和电子探测系统组成。电子经过电子能量分析仪后会在能量分散平面按电子能量分布。早期的电子能量损失谱仪采用串行电子探测系统，其探测组元一次只能处理一个能量通道，要得到全部能量特征谱必须对各个能量通道逐个进行探测，所以工作效率较低。并行电子能量损失谱仪解决了这一问题，它采用多重四极透镜将电子能量分布放大并投影到荧光屏上，使得由光电二极管或电荷耦合探测器组成的一维或二维探测组元能对多个能量通道进行并行记录。

电子能量损失谱仪有两种类型：一种是磁棱镜谱仪，另一种是 Ω 过滤器。磁棱镜谱仪安装在透射电子显微镜照相系统下面，Ω 过滤器安装在镜筒内。下面以磁棱镜谱仪为例说明电子能量损失谱仪的工作原理，如图 5.12 所示。磁棱镜谱仪的主要组成为扇形磁

铁、狭缝光阑和信号接收与处理器。透过样品的电子能量各不相同，它们在扇形磁棱镜的绝缘封闭套管中沿弧形轨迹运动，由于磁场的作用，能量较小电子运动轨迹的曲率半径较小，而能量较大电子运动轨迹的曲率半径较大。显然能量相同的电子在聚焦平面处达到的位置一样。那么具有能量损失的电子和没有能量损失的电子在聚焦平面上就会存在一定位移差。从而可以对不同位移差处的电子进行检测和计算。

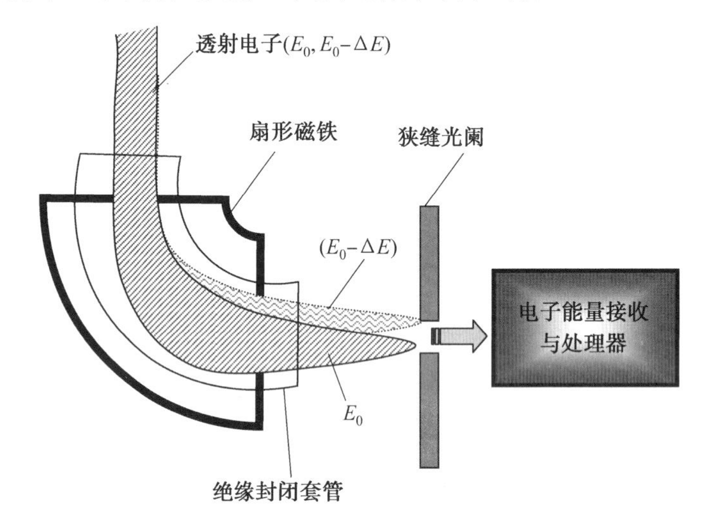

图 5.12　磁棱镜谱仪工作原理示意图

(3)电子能量损失谱特征及其应用。

图 5.13 所示为 BN 化合物的电子能量损失谱示意图。电子能量损失谱大体上分为三个区域：零损失谱区、低能损失谱区(5 ～50 eV)和高能损失谱区(＞50 eV)。零损失谱区包括未经过弹性散射和经过完全弹性散射的透射电子，以及部分能量小于 1 eV 的准弹性散射的透射电子的贡献。通常情况下，零损失峰在电子能量损失谱中是无用的特征。

低能损失谱区是由入射电子与固体中原子的价电子非弹性散射作用产生的等离子峰和若干个带间跃迁小峰组成。等离子激发的入射电子能量损失为

$$\Delta E_p = h\omega_p \tag{5.4}$$

式中　h——普朗克常数；

ω_p——等离子振荡频率。

等离子振荡频率是参与振荡的自由电子数目的函数。等离子振荡引起的第一个强度与零损失峰强度的比值和样品厚度与等离子振荡平均自由程的比值有关。而等离子振荡平均自由程又与入射电子能量和样品成分有关。这样一来，等离子激发能量损失 ΔE_p 就与样品厚度、微区化学元素成分及浓度相关，因此对低能损失谱区进行分析，可以获得有关样品厚度、微区化学成分、电子密度及电子结构等信息。

高能损失谱区由迅速下降的光滑背景和一般呈三角形状的电离吸收边组成。电离吸收边是元素的 K、L、M 等内壳层电子被激发产生的，是样品中所含元素的一种特征，用于

元素的定性和定量分析。在电子能量损失谱中，电离损失峰通常为三角形或者锯齿形，其始端能量也就是电离边等于内壳层电子电离所需的最低能量，因而可以成为元素鉴别的唯一特征能量。

电子能量损失谱中电离损失峰阀值附近，电子能量损失谱的形状是样品中原子空位束缚态电子密度的函数。原子被电离后产生的激发态电子可以进入束缚态，成为谱形的能量损失近边结构。从电离损失峰到更高能量损失的数百电子伏特范围内，还存在微弱的振荡，称为广延精细结构。对这些谱区内电离吸收边精细结构和广延精细结构进行细致的分析研究，可以获得样品区域内元素的价键状态、配位状态、电子结构、电荷分布等。

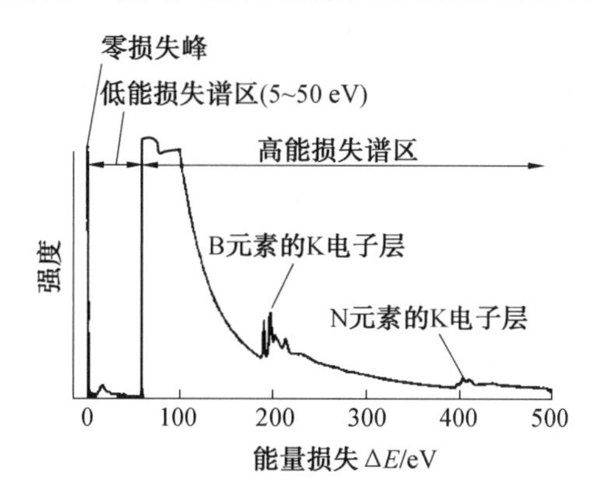

图 5.13　BN 化合物的电子能量损失谱示意图

3. 能量过滤成像系统

在透射电子显微镜中，高能电子穿过样品时发生弹性散射和非弹性散射。通常弹性散射电子用于成像或衍射花样，而非弹性散射电子或被忽略或供电子能量损失谱仪进行分析。1986 年 Lanio 等人发展安置在投影镜系统内的能量过滤器之后，20 世纪 90 年代初，美国 Gatan 公司又在原来的平行电子能量损失谱仪的基础上，发展了能量过滤成像系统。它可以安装在各类电子显微镜的末端。利用电子能量过滤成像系统，不但可以从电子能量损失谱中得到样品的化学成分、电子结构、化学成键等信息，而且可以对电子能量损失谱的各部位选择成像，既明显提高了电子显微图像与衍射图像的衬度和分辨率，又可提供样品中的元素分布图。元素分布图是表征材料的纳米或亚纳米尺度的组织结构特征，如细小的掺杂物、析出物，界面的探测，元素分布信息，定量的相鉴别及化学成键图等的快速且有效的分析方法。

4. 电子能量损失谱的特点

电子能量损失谱方法与光吸收方法在测定激发态能级方面各有所长。

首先，激光光谱仪能工作在红外到紫外很窄的能区，很难用到较高能量的价壳层和内壳层激发态。用同步辐射可以工作到很短的波长，但需要若干个工作在不同波段范围的复杂单色器。而快电子通过原子时，相当于有一个时间很短的电磁场脉冲作用到原子上。

由傅里叶分析可知，时域中的一个快脉冲对应的是频域中的平坦分布，因而快电子与原子(分子)作用相当于一个有各种能量的虚光子场作用到原子(分子)上，能够在很宽的能量范围内得到能量损失谱，而这仅用一台简单便宜的直流稳压电源就可实现从红外直到射线很宽的能量范围内扫描。因此电子碰撞方法既可以用于价壳层，又可以用于内壳层研究。

其次，从能量分辨来看，激光光谱有最好的能量分辨。在真空紫外区域，同步辐射有好的能量分辨，但随光子能量的增加而变坏，而快电子能量损失谱仪的能量分辨近于常数，与激发能量无关，此时，电子能量损失谱仪的能量分辨是最好的。

最后，由于电子碰撞存在动量转移过程，因此电子能量损失谱仪的另一个优点是：它不受电偶极辐射跃迁选择定则的限制，可以在大动量转移条件下(如在大散射角度)研究非电偶极作用所涉及的禁戒跃迁特性，这些通常不能被光学方法探测。除此之外，电子能量损失谱仪在测量微分散射截面、绝对光学振子强度方面也具有优越性。

三、电子能量损失谱的分析操作步骤

电子能量损失谱的面分析过程与能谱的面分析过程类似。启动电子能量损失谱能谱分析软件，切换到 STEM 模式下，寻找到需要分析的区域。将能谱模式切换到 Map 模式，然后读取 STEM 模式下观察到的图像，将 STEM 模式下的照片导入能谱软件中，在 Map 模式下读取要分析的区域，如图 5.14 所示。

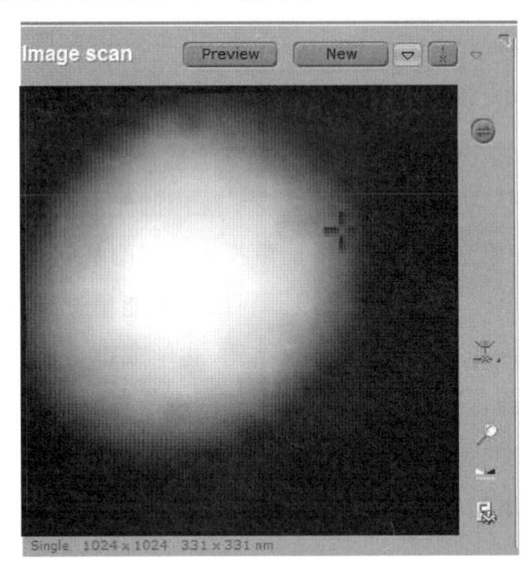

图 5.14　在 Map 模式下读取要分析的区域

单击 Acquire 按钮获取光谱信息，软件中则自动采集成分数据，对成分数据进行分析，同时获得电子能量损失谱，图 5.14 中黑色框选择区域的能量损失谱如图 5.15 所示。电子能量损失谱能谱面分布图给出所选择区域的各种元素的分布情况，如图 5.16 所示，同时，也给出了能谱仪能谱采集到面分布图与电子能量损失谱能谱采集到的面分布图进行对比分析。

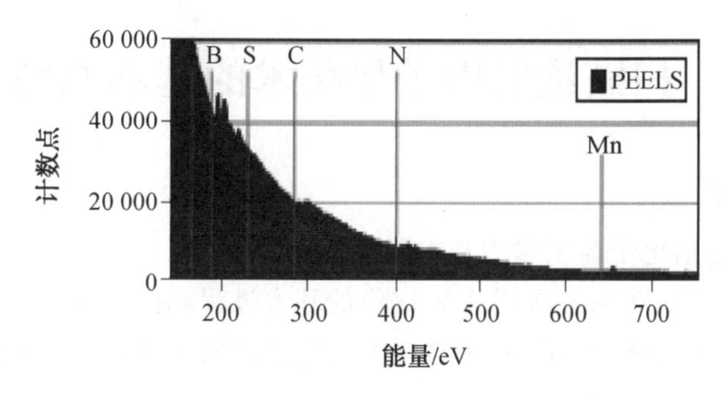

图 5.15　图 5.14 中黑色框选择区域的能量损失谱

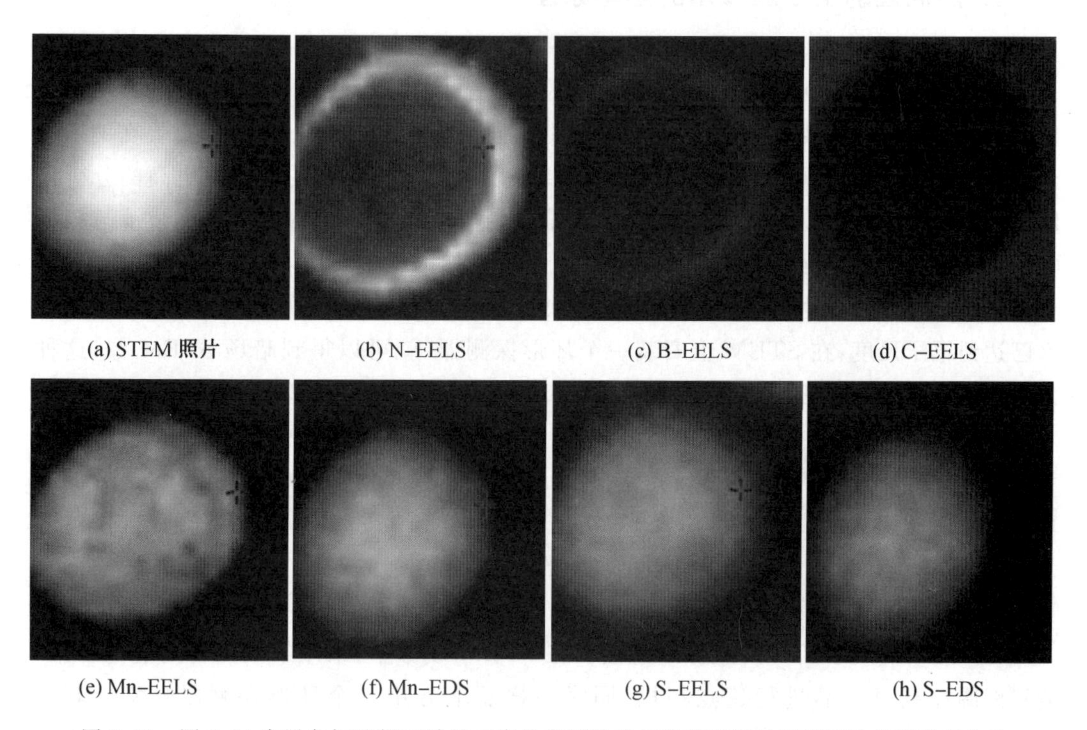

图 5.16　图 5.14 中黑色框选择区域的元素分布情况及与能谱测定的元素面分布图进行比较

四、实验报告要求

(1)简述电子能量损失谱的基本原理与结构构成。

(2)结合实例,简述电子能量损失谱采集数据的过程及与能谱仪分析采集数据的区别。

实验三　扫描透射电子显微术的基本原理及操作

一、实验目的

(1)了解扫描透射电子显微术的基本原理。

(2)结合具体实例,熟练掌握STEM成像的基本过程和操作步骤。

(3)结合实例,对比分析STEM成像与衍射成像间的区别,选择合适模式对样品特殊结构进行分析。

二、扫描透射电子显微术的基本原理

1.概述

材料微观结构和缺陷与性能之间的关系一直是材料科学领域重要的研究内容,电子显微学在其中起着重要的推动作用,随着新材料向结构尺度纳米化的发展,需要在纳米甚至原子尺度上研究微观结构特性,这就迫切要求发展与之相适应的分辨率更高的分析仪器、探测记录设备及更精确的分析方法。扫描透射电子显微术是透射电子显微镜与扫描电子显微镜的巧妙结合。它采用聚焦的高能电子束扫描能透过电子的薄膜样品,利用电子与样品相互作用产生的各种信息来成像或进行电子衍射及显微分析。STEM的分辨率已达到原子尺度,在STEM上安装一个环形探测器,就可以得到暗场STEM像,这种方法称为高角度环形暗场(High Angle Annular Dark Field,HAADF)。

多年来,在物质结构的研究中,人们期望首先能直接得到物体中原子的位置,不必再为此进行烦琐的理论工作,然后研究其物性。20世纪90年代末,原子分辨的STEM的出现使这种愿望变成了现实。目前,STEM是材料科学研究领域中最重要的分析仪器之一,是微结构观察和微区成分分析不可缺少的有力工具。

2.STEM的基本原理

图5.17所示为STEM成像示意图。在STEM成像中,采用细聚焦的高能电子束,通过线圈控制对样品进行逐点扫描,同时在样品下方用一个环形探测器收集卢瑟夫(Rutherford)散射电子。环形探测器有一个中心孔,它不接收中心透射电子而只接收高角度散射的卢瑟夫散射电子,图像是由到达高角度环形探测器的所有电子产生的,其图像的亮度与原子序数的平方(Z^2)成正比,因此,这种显微图像也称为原子序数衬度像(或Z衬度像)。

3.STEM的工作特点

(1)分辨率高。

首先,Z衬度像几乎完全是非相干条件下的成像,由于对于相同的物镜球差和电子波长,非相干像分辨率高于相干像分辨率,因此Z衬度像的分辨率要高于相干条件下像的分辨率。同时,Z衬度不会随样品厚度或物镜聚焦有较大的变化,不会出现衬度反射,即原子或原子列在像中总是一个亮点。其次,TEM的分辨率与入射电子的波长λ和透镜系

统的球差 C_S 有关，因此，大多数情况下点分辨率能达到 0.2～0.3 nm，而 STEM 像的点分辨率与获得信息的样品面积有关，一般接近电子束的尺寸，目前场发射电子枪的电子束直径能小于 0.13 nm。最后，HAADF 探测器由于接收范围大，可收集约 90%的散射电子，比普通的 TEM 和 AEM 中的一般暗场像更灵敏。

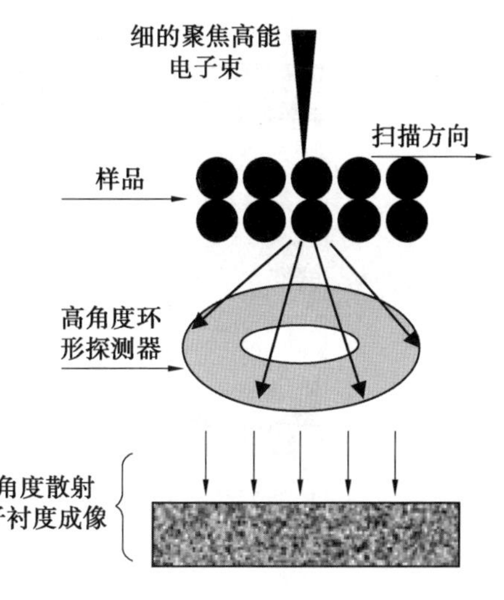

图 5.17　STEM 成像示意图

(2)对化学组成敏感。

由于 Z 衬度像的强度与其原子序数的平方(Z^2)成正比，因此 Z 衬度像具有较高的组成(成分)敏感性，在 Z 衬度像上可以直接观察夹杂物的析出、化学有序和无序以及原子柱排列方式。

(3)图像解释简明。

Z 衬度像是在非相干条件下成像，具有正衬度传递函数。而在相干条件下，随空间频率的增加其衬度传递函数在零点附近快速振荡，当衬度传递函数为负值时以翻转衬度成像，当衬度传递函数通过零点时将不显示衬度。也就是说，非相干的 Z 衬度像不同于相干条件下成像的相位衬度像，它不存在相位的翻转问题，因此图像的衬度能够直接地反映客观物体。对于相干像，需要计算机模拟才能确定原子列的位置，最后得到样品晶体的信息。

4. STEM 的应用

由于 Z 衬度像拥有分辨率高、对化学组成敏感及图像直观易解释等优点，近年来已被应用于材料结构研究。张子旸等报道了用 STEM 对 GaInAsSb/GaSb 异质结的截面不同部分进行分析和研究的初步结果。STEM 图像表明，在四元合金 GaInAsSb 与衬底 GaSb 的晶格常数不相同时，将会由于晶格的不匹配而产生失配位错和层错，这些缺陷是对应力的一种释放形式，包括 60°位错、90°位错和堆垛层错。朱信华等采用脉冲激光淀积法在 Al_2O_3(氧化铝)纳米有序孔膜板介质上(膜板孔径平均尺寸 20 nm，内生长 Pt 纳米线作为底电极的一部分)制备了 $BaTiO_3$(钛酸钡)纳米铁电薄膜，剖面 STEM 图像表明，$BaTiO_3$ 纳米铁电薄膜与底电极 Pt 纳米线直接相连接，它们之间的界面呈现一定程度的弯曲。梁鑫等人应用 STEM 研究了 Y 包覆 Ag 核壳纳米球结构。STEM 暗场相可以体现出核和壳层具有明显不同的衬度，说明该结构中的核和壳具有不同的组成。此外，Z 衬度方法还被应用于超点阵界面有序化的直接成像、沉淀相的析出与长大的观察、原子簇形成与长大机理的研究、准晶体化合物的结构及其形成机理的研究等许多方面。

三、STEM 的操作步骤

首先，要保证物镜光阑(Objective)和选区光阑(Selected Area)处于退出状态(黑色虚线框)，即显示为 none，如图 5.18 所示。

其次，切换到 STEM 模式，此时 STEM /Insert detectors 按钮呈现乳白色(黑色虚线框)，如图 5.19 所示。如果呈现的颜色是灰色，则单击相对应的按钮，使其转变成乳白色

(黑色虚线框),即处于激活状态。

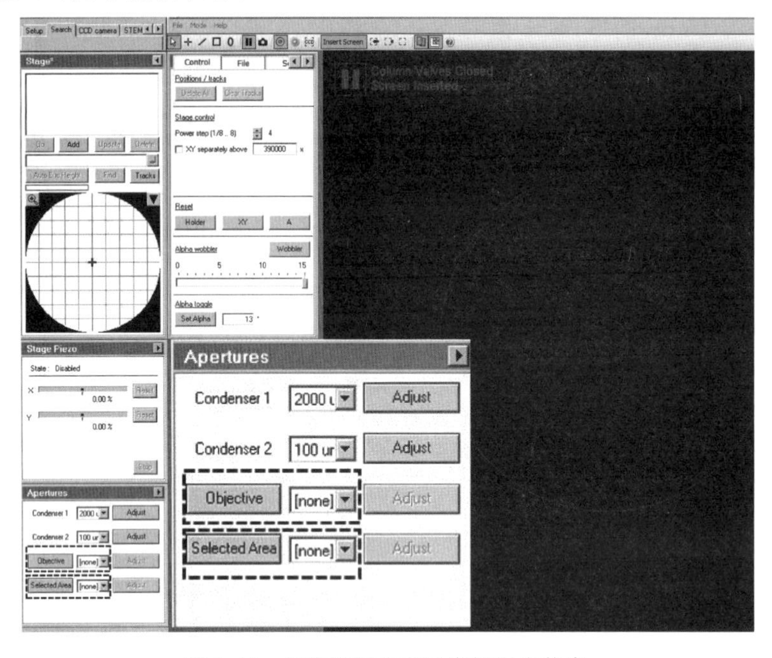

图 5.18　物镜光阑和选区光阑退出状态

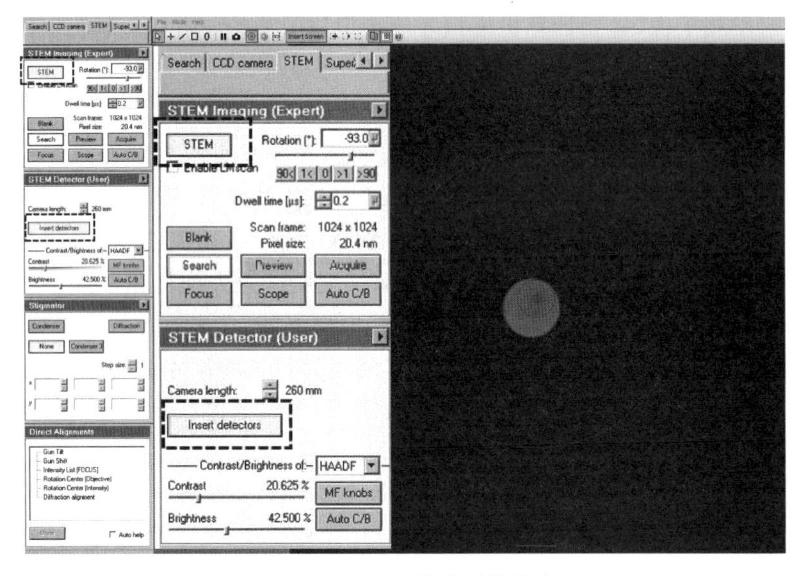

图 5.19　STEM 模式下的状态

最后,当 STEM 模式处于激活状态后,单击 Search 按钮激活图像(图 5.20(a)中黑色虚线框),同时将 Spot size 调整为 6(图 5.20(b)中黑色虚线框)。然后,在操作面板上(图 5.20(c))操作 Focus 旋钮下部分(箭头所示)将 Focus 的速度设定为 4,对图像进行粗调焦;再将 Focus 速度调整为 2 或 3,对图像进行细调焦。当图像调清楚后,单击 Acquire 按钮进行图像的拍摄(图 5.20(a)黑色虚线框),获得清晰的 STEM 图像如图 5.20(d)所示。

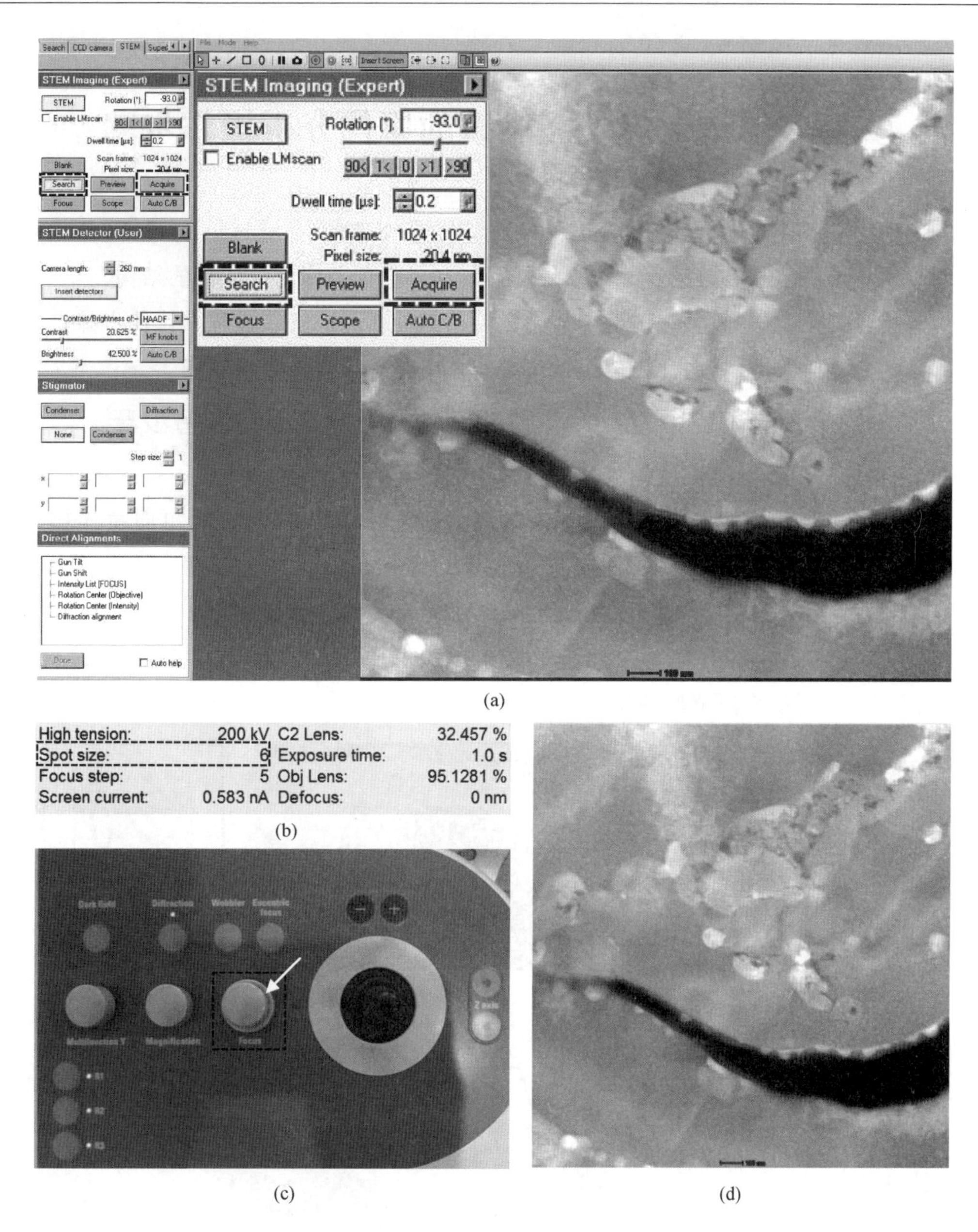

(a)

(b)

(c)

(d)

图 5.20 STEM 模式下的成像过程

四、实验报告要求

(1)简述 STEM 成像的基本原理与基本过程。

(2)结合实例,对比分析 STEM 成像和衍射成像间的区别,选择合适模式对样品特殊结构进行分析。

实验四　透射电子显微镜的原位分析操作步骤

一、实验目的

(1)了解透射电子显微镜下原位拉伸样品的制备过程及原位拉伸杆的结构。

(2)结合具体实例,熟悉透射电子显微镜原位拉伸样品的安装过程及拉伸步骤。

(3)结合具体实例,掌握在原位拉伸过程中透射电子显微镜分析操作。

二、透射电子显微镜原位拉伸支架的制备及拉伸样品的制备步骤

1.透射电子显微镜原位拉伸测试的主要组成部件

图 5.21(a)所示为配备在透射电子显微镜上的单倾样品杆,可实现单向拉伸和压缩测试,同时可通过调速器来调整拉伸或压缩的速率(图 5.21(b)),且可通过控制器来实现透射电子显微镜的原位拉伸或原位压缩的转换(图 5.21(c))。此外,为了更好地匹配单倾样品杆的空间结构,设计出与之匹配的透射原位拉伸样品支架,尺寸如图 5.21(d)所示。图 5.21(e)所示为原位拉伸样品支架的安装位置。

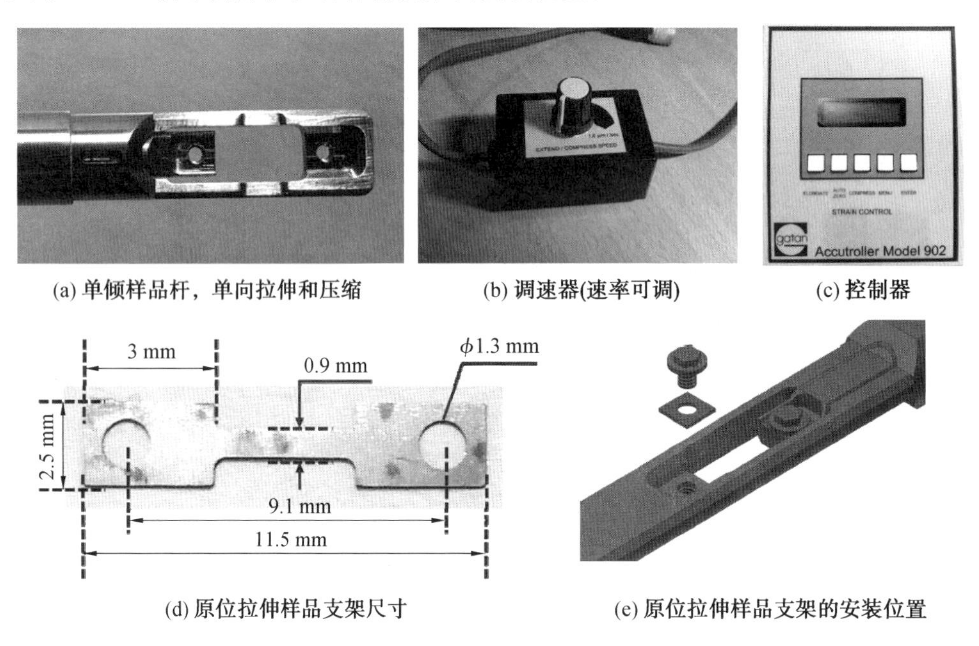

(a) 单倾样品杆,单向拉伸和压缩　(b) 调速器(速率可调)　(c) 控制器

(d) 原位拉伸样品支架尺寸　(e) 原位拉伸样品支架的安装位置

图 5.21　透射电子显微镜原位拉伸测试的主要组成部件

2.透射原位拉伸样品支架的缺口加工

为了满足样品在透射电子显微镜下的观察条件,需要将样品转移到原位拉伸支架上,同时为满足透射电子显微镜下有足够的观察范围,需要给样品支架加工出一个缺口。原位拉伸样品支架的厚度大约为 0.1 mm,如图 5.22(a)所示。利用 FIB 的加工能力,在支

架截面方向上加工出 5 μm 左右的缺口来放置透射样品，如图 5.22(b)、(c)所示。

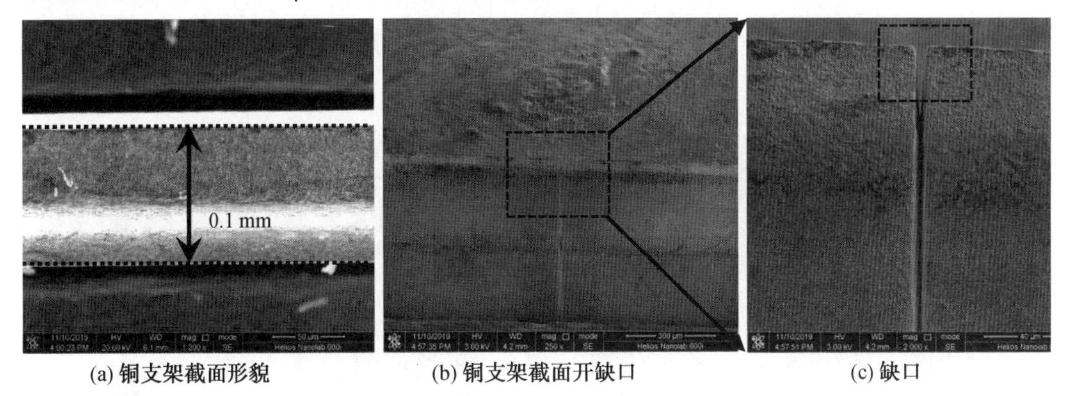

(a) 铜支架截面形貌　(b) 铜支架截面开缺口　(c) 缺口

图 5.22　透射电子显微镜原位拉伸样品支架的截面结构与缺口加工

3. 透射原位拉伸样品的制备步骤

(1)首先在电子束扫描窗口下找到要进行分析表征的位置，然后 Pt 沉积确定要分析和保护的加工位置，如图 5.23(a)、(b)所示。

(a) 分析位置选择　(b) Pt 沉积　(c) 样品粗加工

(d) 转移到拉伸支架　(e) 样品细加工　(f) 最终原位拉伸样品

图 5.23　透射电子显微镜原位拉伸样品的 FIB 加工过程

(2)切换到离子束窗口，寻找到 Pt 保护的位置，利用离子束对保护的分析位置进行加工处理，最终切割完的样品如图 5.23(c)所示。

(3)利用 Omniprobe 探针将预切割的样品转移到拉伸样品支架的缺口位置，如图 5.23(d)所示。

(4)将离子束的电流调整至 0.23 nA，对样品进行减薄处理，如图 5.23(e)所示，减薄后最终原位拉伸样品如图 5.23(f)所示。

三、透射电子显微镜原位拉伸样品测试实例分析

图 5.24 所示为 Ti 基陶瓷复合涂层材料的透射电子显微镜原位拉伸样品测试过程。

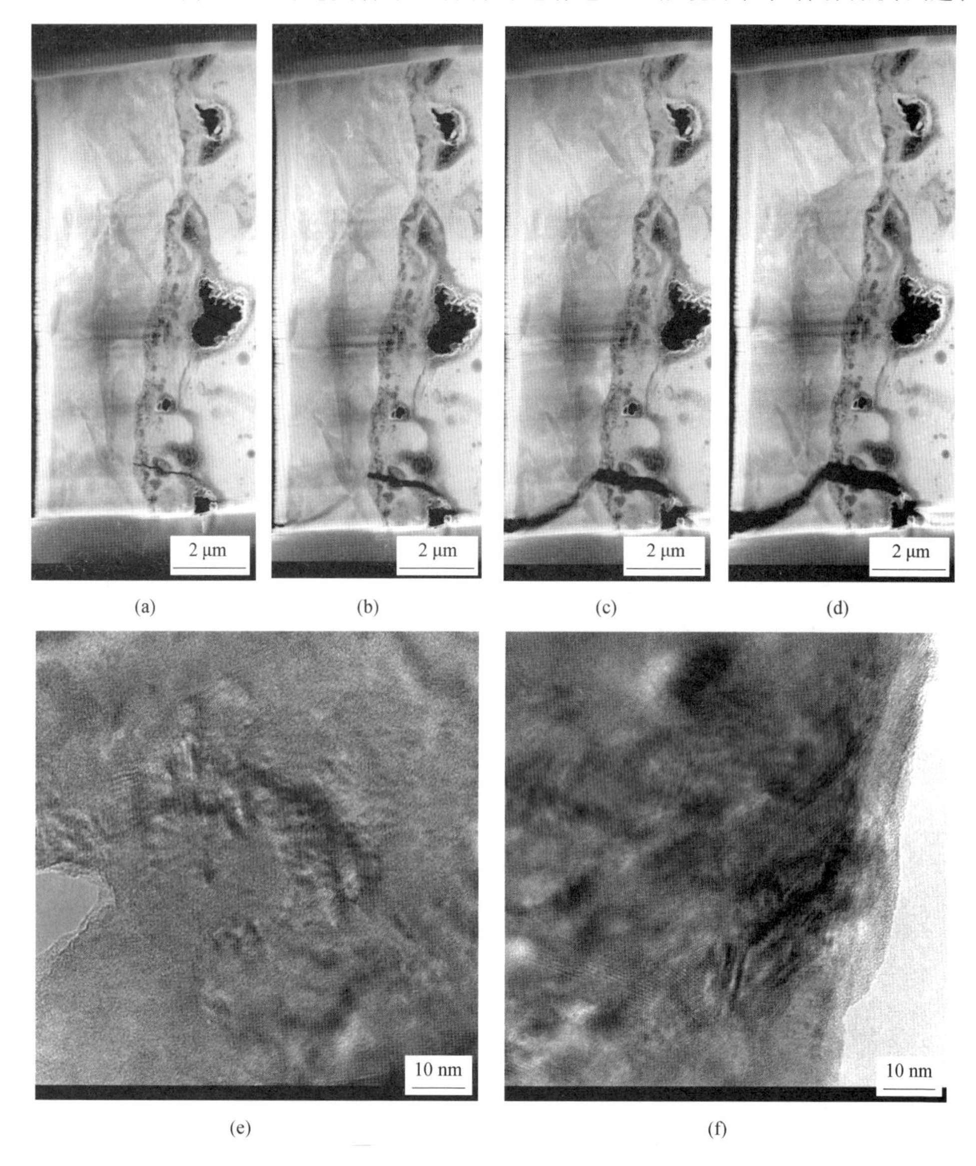

图 5.24　Ti 基陶瓷复合涂层材料的透射电子显微镜原位拉伸样品测试过程

在拉伸过程中，裂纹首先产生于涂层一侧，如图 5.24(a)所示。随着拉伸位移量的增加，涂层一侧的裂纹宽度随之增加，当裂纹宽度达到一定值后，在金属基体一侧也开始产生裂纹，如图 5.24(b)～(d)所示。随着位移量的进一步增加，裂纹开始沿着金属基体一侧向涂层一侧进行扩展，直至金属基体完全断开。同时，对金属基体一侧裂纹扩展前端进行高分辨透射分析可知(图 5.24(e))，在扩展前端，可观察到非晶区域的形成。同时，由涂层

一侧扩展前端高分辨透射分析可知(图 5.24(f)),其扩展前端也可观察到一层非晶态结构。

图 5.25 所示为磷灰石纳米棒的透射电子显微镜原位拉伸样品测试过程。在原位拉伸样品测试过程中,随着位移量的增加,磷灰石纳米线发生脆性断裂(图 5.25(a)、(b))。同时,利用高分辨透射及衍射分析(图 5.25(c))可知,磷灰石纳米棒端口区域是由大量纳米晶组成的。

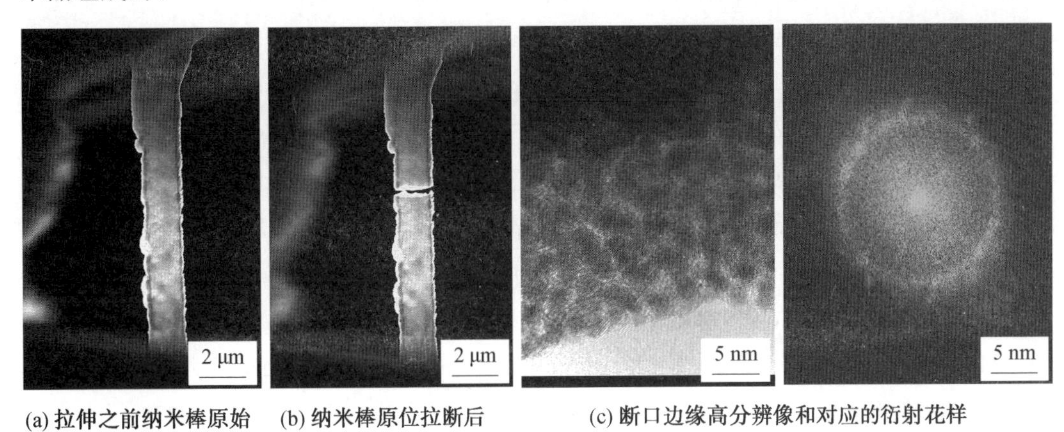

(a) 拉伸之前纳米棒原始TEM形貌　(b) 纳米棒原位拉断后TEM形貌　(c) 断口边缘高分辨像和对应的衍射花样

图 5.25　磷灰石纳米线的透射电子显微镜原位拉伸样品测试过程

四、实验报告要求

(1)简述透射电子显微镜原位拉伸样品的制备过程及注意事项。

(2)结合具体实例,了解和掌握透射电子显微镜原位拉伸样品测试的分析过程。

参 考 文 献

[1] 陈士朴,王瑞金.金属电子显微分析[M].北京:机械工业出版社,1982.

[2] 郭可信.电子衍射图在晶体学中的应用[M].北京:科学出版社,1979.

[3] 姚骏恩.扫描电子显微术[M].北京:中国原子能出版社,1983.

[4] ELINGTON J W. Practical electron microscopy in materials science[M]. London: Macmillan,1974:77.

[5] 黄孝瑛.电子显微镜图像分析原理与应用[M].北京:中国宇航出版社,1989.

[6] 黄孝瑛.电子衍射分析方法[M].北京:金属材料研究编辑部,1976.

[7] REIMER L. Transmission electron microscopy, physics of image formation and microanalysis[M]. New York: Springer-Verlag, 1980.

[8] HUMPHREYS F J. Characterisation of fine-scale microstructures by electron backscatter diffraction (EBSD)[J]. Scripta Materialia, 2004, 51(8): 771-776.

[9] CAYRON C, ARTAUD B, BRIOTTERT L, et al. Reconstruction of parent grains from EBSD data[J]. Materials Characterization, 2006, 57(4): 386-401.

[10] GIANNUZZI L A, STEVIE F A. A review of focused ion beam milling techniques for TEM specimen preparation[J]. Micron, 1999, 30(3): 197-204.

[11] VOLKERT C A, MINOR A M. Focused ion beam microscopy and micromachining[J]. Mrs Bulletin, 2007, 32(5): 389-399.

[12] MCCAFFREY J P, PHANEUF M W, MADSEN L D. Surface damage formation during ion-beam thinning of samples for transmission electron microscopy[J]. Ultramicroscopy, 2001, 87(3): 97-104.

[13] LUO H, YIN S, ZHANG G, et al. Optimized pre-thinning procedures of ion-beam thinning for TEM sample preparation by magnetorheological polishing[J]. Ultramicroscopy, 2017: 165.

[14] TARNG, SHIN-LUH, WENG, et al. Electro-thinning apparatus for removing excess metal from surface metal layer of substrate and removing method using the same:US8431007B2[P]. 2013-04-30.

[15] 孟庆昌.透射电子显微学[M].哈尔滨:哈尔滨工业大学出版社,1998.

[16] 黄孝瑛.透射电子显微学[M].上海:上海科学技术出版社,1987.

[17] 李建奇.透射电子纤维学[M].北京:高等教育出版社,2015.

[18] 戎咏华.分析电子纤维学导论[M].北京:高等教育出版社,2006.

[19] 章晓中. 电子显微分析[M]. 北京:清华大学出版社,2006.

[20] 周玉. 材料分析方法[M]. 3 版. 哈尔滨:哈尔滨工业大学出版社,2011.

[21] WEIRICH T E, ZOU X, RAMLAU R, et al. Structures of nanometre-size crystals determined from selected-area electron diffraction data[J]. Acta Crystallographica Section A, 2010, 56(1):29-35.

[22] BANG J J, TRILLO E A, MURR L E. Utilization of selected area electron diffraction patterns for characterization of air submicron particulate matter collected by a thermophoretic precipitator[J]. J Air Waste Manag Assoc, 2003, 53(2):227-236.

[23] MUGNAIOLI E, CAPITANI G, NIETO F, et al. Accurate and precise lattice parameters by selected-area electron diffraction in the transmission electron microscope[J]. American Mineralogist, 2009, 94(5-6):793-800.

[24] GULIJK C V, LATHOUDER K M D, HASWELL R. Characterizing herring bone structures in carbon nanofibers using selected area electron diffraction and dark field transmission electron microscopy[J]. Carbon, 2006, 44(14): 2950-2956.

[25] BELLANI V, MIGLIORI A, PETROSYAN S, et al. HRTEM, Raman and optical study of $CdS_{1-x}Se_x$ nanocrystals embedded in silicate glass[J]. Physica Status Solidi. A, Applied Research, 2004, 201(13): 3023-3030.

[26] GALINDO P L, SLAWOMIR K, SANCHEZ A M, et al. The peak pairs algorithm for strain mapping from HRTEM images[J]. Ultramicroscopy, 2007, 107(12): 1186-1193.